絵と図でズバリ
算数文章題

試験に勝つ満点攻略法

算数塾
田 圭二郎

本書をお読みになるにあたって

ＩＴ革命への期待とともに、数学力の向上が求められていますが、目下、国内においては数学力・算数力の著しい低下が懸念されています。

なかでも、基本となる［計算力と論理力］のうち、最も肝心な論理力の貧弱さが目立っています。

そこで、近年着目されはじめたのが［算数の和算文章題］です。これは世界に類を見ない優れた学習法で、［論理力］の鍛錬には絶好のものとして評価されています。

さらに、この和算文章題の強い味方は、線分図・面積図など、図解による論理的思考法が展開できるということで、小学生にも理解しやすい学習法だと言われています。

ぜひ、この［図解］の世界で遊びながら学習して頂き、この、東洋とくに日本独特の数学学習法を次の世代に語り継いで頂きたいと、切望するものであります。

先生
Ｔ大学卒　58歳
算数力の第一人者
大輔君の担任の先生

登場人物の紹介

数学は得意だったけど、算数の論理性の高さには脱帽です。

父
W大経済学部卒
38歳
算数が大好きなパパです。

算数文章題は、問題をそのまま図にすれば解けるから嬉しいわ。

母
S短大卒　35歳
頭の切れ味は抜群。
天才ママ。

算数って、まるでクイズだぜ。なぞなぞごっこって大好きさ。

大輔君
小学６年生
大人顔負けの秀才

質問の言葉を１つ
１つ大切に考えれ
ば、いつの間にか
答が出てくるのね。

あゆみちゃん
小学５年生
兄貴にも負けないわ

考え方はみんなに
勝てないけれど、
計算なら負けない
ぜ。

つよし君
小学４年生
計算はまかせろ

まるっきり分かん
ないけれど、図を
見ると分かるから
不思議だわ。

まいちゃん
つよし君と
双子の
小学４年生

CONTENTS

絵と図でズバリ 算数文章題

5 アラカルト

1 図形問題

二等辺三角形のミステリー

三角形の外角がポイント

問題

二等辺三角形ＡＥＦがあります。その中の△ＡＢＣ・△ＢＣＤ・△ＣＤＥ・△ＤＥＦも、すべて二等辺三角形です。

二等辺三角形ＡＥＦの３つの内角をすべて答えなさい。

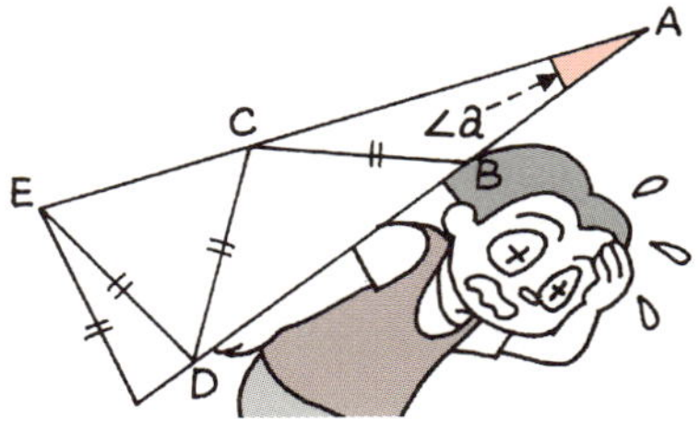

おもしろいわね〜　二等辺三角形のお祭りみたいだわね。

おもしろいけれど、どこにも数字がないのに、どうやって解いたらいいの？

初めっから投げ出さないで、まず、三角形の決まりから調べてみましょう。

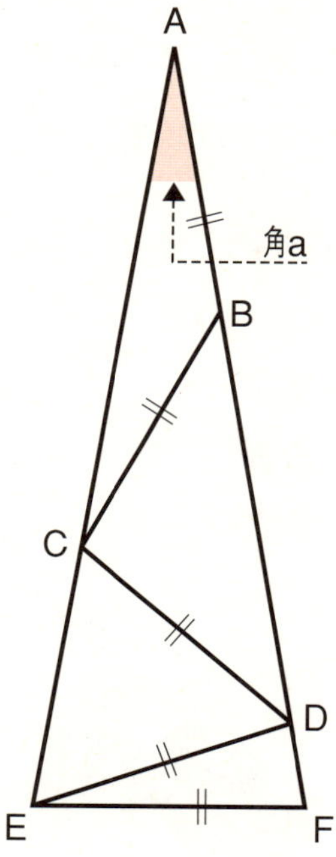

(1) 二等辺三角形の決まり

このくらいなら、僕にも分かるぜ。

①三角形の２辺の長さが等しい。

②３つの内角のうち、２角の角度が等しい。

(2) 今日のポイント

上の②が今日の問題のポイントになりそうだね。

［⌓ の外角は、他の２内角の和に等しい］

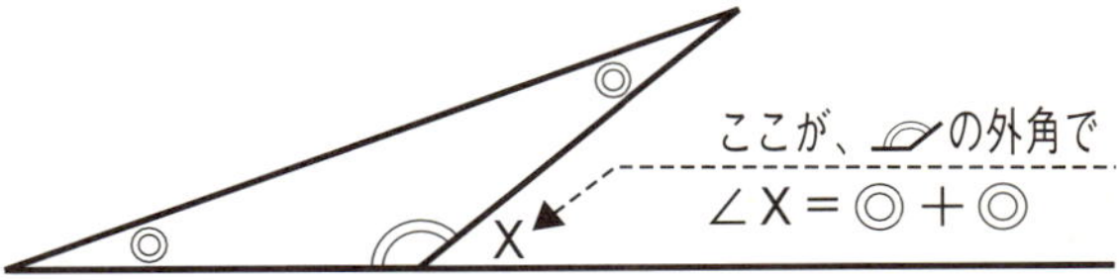

※ ⌓＋◎＋◎＝ 180 度
　⌓＋外角Ｘ＝ 180 度
　∴　外角Ｘ＝◎＋◎

(3) 与えられた条件から開始

一番具体的な条件といえば角ａ（∠ＢＡＣ）だから、ここから考え始めたら？

そんなこと言ったって、角ａって、ち〜っとも具体的じゃないわ。

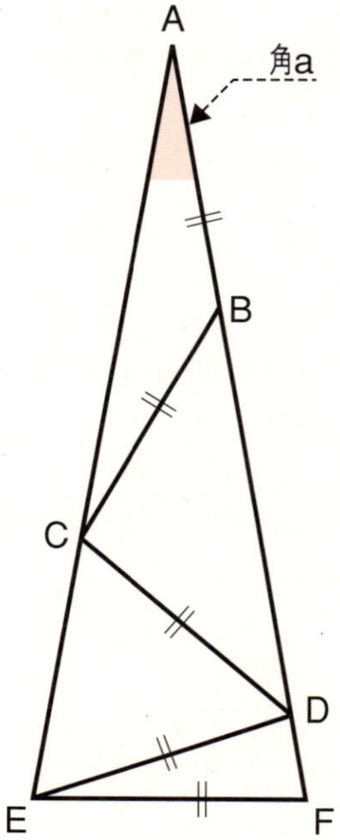

もう１つのヒントは、(2)の［外角］だから、これと［∠ａ］とを組み合わせられないかな。

分かったわ。この三角形では［∠ＡＢＣの外角］を考えればいいんじゃないの。

∠ＡＢＣが何度かも分からないのに？

今はそれしかヒントがないんだから、他に方法はないでしょうが。

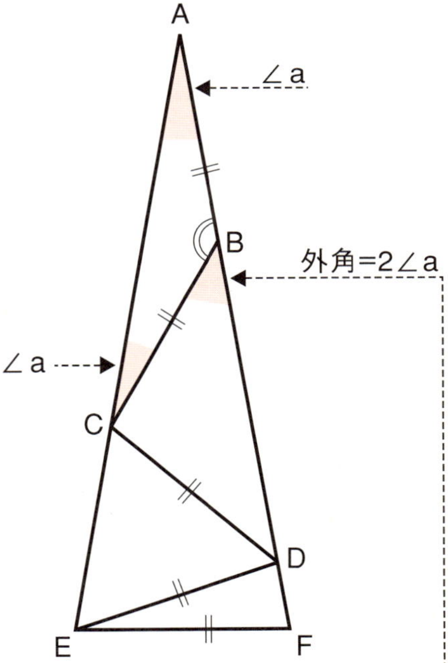

式を作るだけなら、まかせて。
∠ＣＢＤ＝∠ＡＢＣの外角だから
∠ＣＢＤ＝∠ａ＋∠ａ
＝２∠ａ

ヤッタヤッター　とにかく、2個目の三角形の△ＢＣＤの内角の一部が多少分かったわけね。

いやいや、2カ所分かったんだよ。

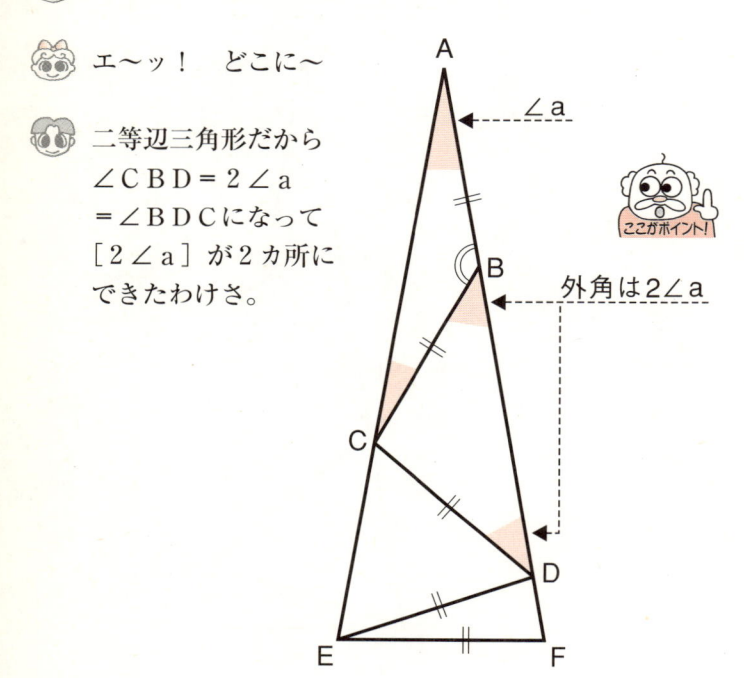

エ～ッ！　どこに～

二等辺三角形だから
∠ＣＢＤ＝2∠a
＝∠ＢＤＣになって
［2∠a］が2カ所に
できたわけさ。

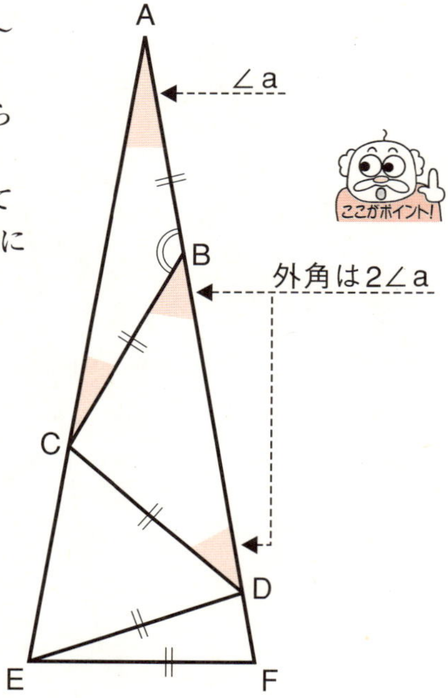

(4) 次の外角はどこにある

ここまでは外角が2個分かったけれど、次はどの三角形の外角を考えればいいの？

外角っていうのは、対象となる二等辺三角形の１辺の延長線上にあるから、△ＣＤＥの１辺で、一直線に延びているのは線ＡＣＥでしょう。だからその直線上にある∠ＤＣＥが、∠ＡＣＤの外角になるのよ。

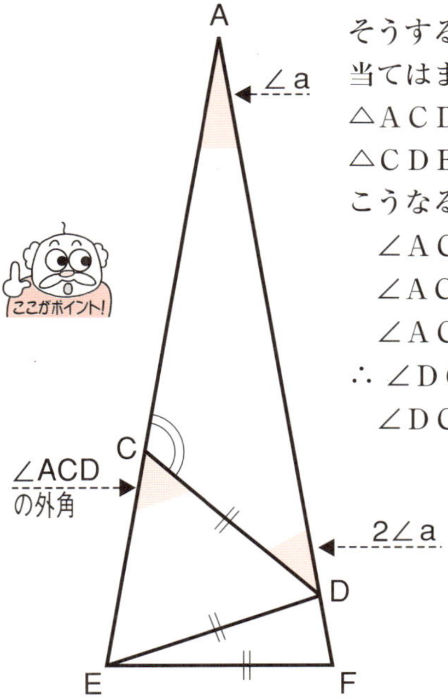

そうすると、
当てはまる三角形は
△ＡＣＤと
△ＣＤＥだから、
こうなるわね。

$\angle ACD$の外角 $= \angle DCE$

$\angle ACD + \angle a + 2\angle a = 180^\circ$

$\angle ACD + \angle DCE = 180^\circ$

$\therefore \angle DCE = \angle a + 2\angle a$

$\angle DCE = 3\angle a$

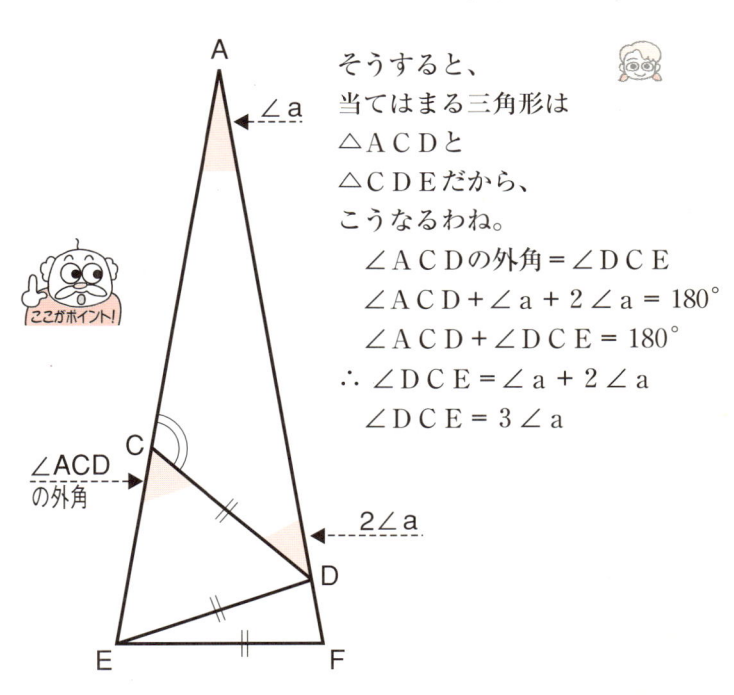

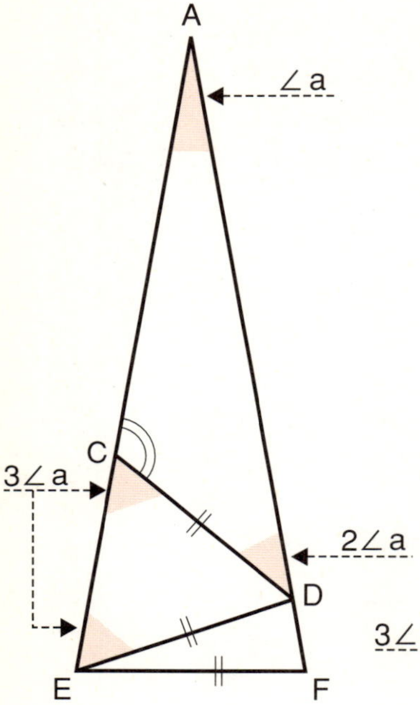

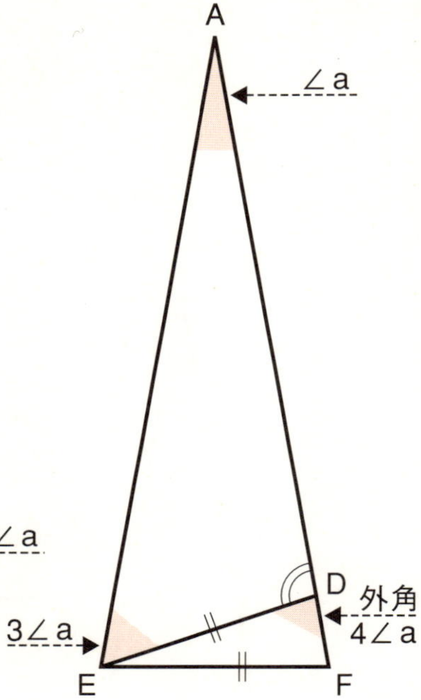

(5) そして次の外角は

頂角の［∠ａ］が［３∠ａ］にまで大きくなってるぜ！

それに、△ＣＤＥは二等辺三角形だから∠ＣＥＤ＝３∠ａなんだわ。

それじゃ、私も見つけてみようかな～
残ったのは△ＤＥＦだわね。

その△ＤＥＦと△ＡＤＥの２つの三角形を考えればいいのさ。

そうすると、∠ＥＤＦが外角になるから、それはどの角の和になるの？

(6) ∠ＥＤＦはどの角の和になりますか

その前に、∠ＥＤＦは∠ＡＤＥの外角だっていうことを確認しておきましょう。

なんのためにそんなことを確認するの？

外角とは、そのすぐ 隣の角ではない２角の和だからさ。

フ〜ン　すぐ隣じゃないとすると∠ＤＡＥと∠ＡＥＤのことなの？

そうそう、だから

∠ＥＤＦ＝∠ＤＡＥ＋∠ＡＥＤ
＝∠ａ＋３∠ａ
＝４∠ａ
ということになるわけなのよ。

へ〜ッ！　てっぺんの角は［∠ａ］だったのに、［４∠ａ］にまで増えちゃってるぜ。

(7) △ＡＥＦの底角はどうなるの

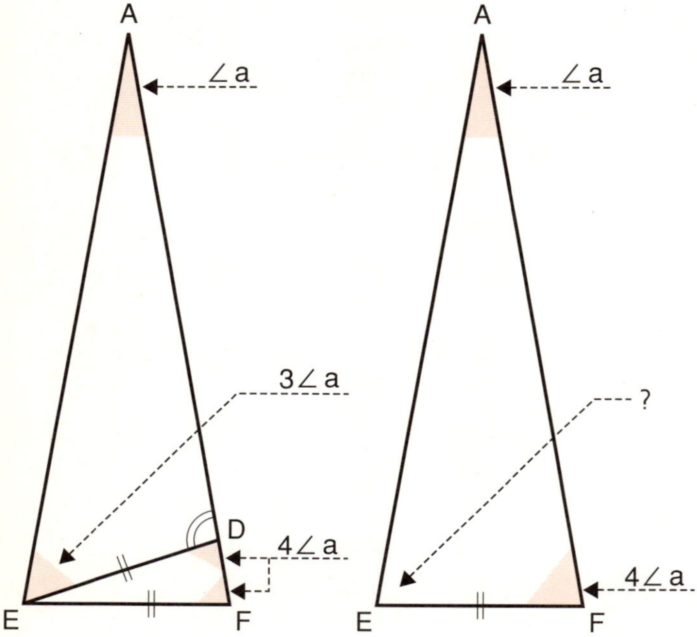

それだけじゃないわ。△ＤＥＦは二等辺三角形なんだから、
∠ＥＤＦ＝４∠ａ＝∠ＤＦＥになるわ。

ということはだ、∠ＤＦＥ＝∠ＡＦＥなんだから、△ＡＦＥも４∠ａということになるんだね。

(8) △ＡＥＦの内角は

そうすると、∠ＡＥＦも［４∠ａ］になるわけさ。

どうしてそうなるの？

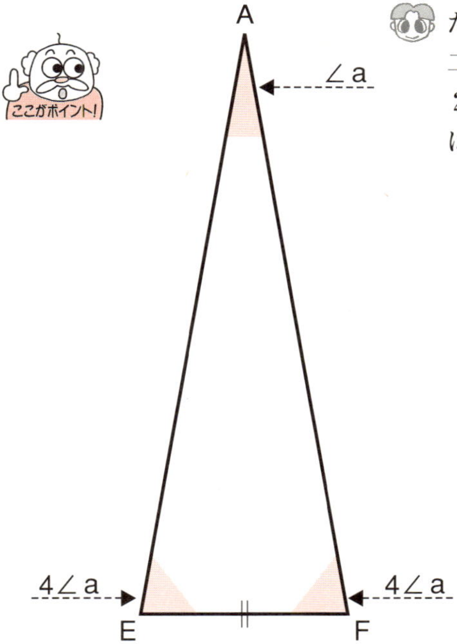

だって、△ＡＥＦは二等辺三角形だから、２個の底角は等しいはずでしょうが。

でもさ～　まだ全然、角度の数字が出てこないけど、本当にこんなことをしていていいのかな～

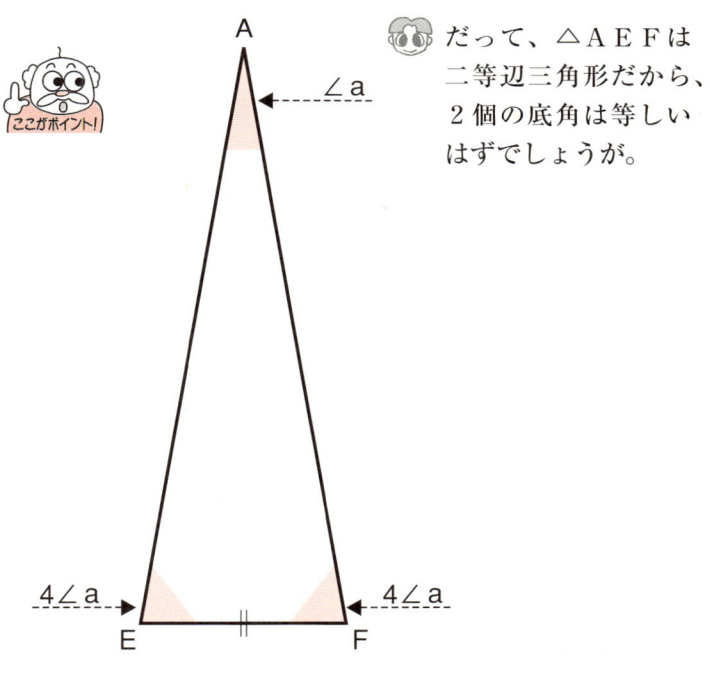

とにかく［∠ａ］を集めちゃったんだから、△ＡＥＦの中に［∠ａ］が何個あるのか調べてみようぜ。

頂角が［∠ａ］１個で、底角は４個ずつだから、内角を全部合計すると……

(9) 三角形の内角の和は 180°

この三角形の内角には［∠ａ］がいったいいくつあったの？

$\angle EAF + \angle AEF + \angle AFE =$
$\angle a + 4\angle a + 4\angle a$
$= 9\angle a$ ⇦ ∠aが9個

でも［三角形の内角の和＝ 180°］なんだけど、それとはどう結びつくのかな～

計算ならまかしといてよ。こういうことでしょ。

$9\angle a = 180°$

さっすが～　計算の達人！　それから先も続けてよ。

はい、これがさっきの続きの計算だよ。

$9\angle a = 180^\circ$

$\angle a = 180^\circ \div 9$

$\underline{\angle a = 20^\circ}$

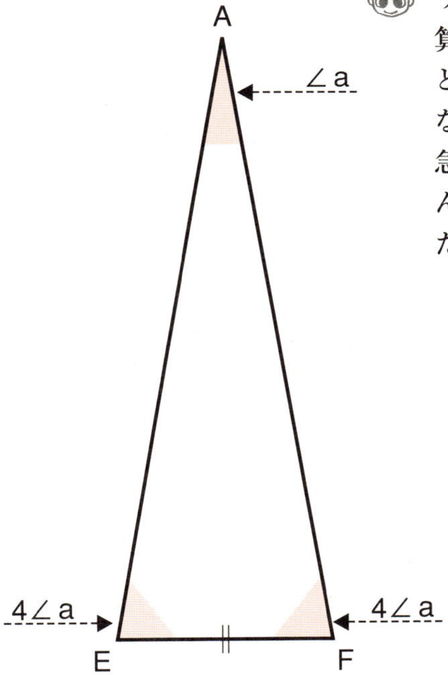

ワ〜ッ！　マッハの計算だね。さっきまで、どこにも角度は出ていなかったのに、ここで急に数字が出てくるなんて、まるでマジックだぜ。

ずいぶんほめるけど、まだ頂角が分かっただけでしょう。あと２カ所も残っているのよ。

まっかしといて～

$\angle a = 20^\circ$

$4\angle a = 4 \times 20^\circ$

$4\angle a = 80^\circ$

こんなもんでどうかな。

ワッワ～ッ！　すっごい！　あんたは天才！　途中までは何をしているのか分からなかったけど、ここへ来て一挙に答が出ちゃったね。

イヤ～ッ　そんなにほめられてもテレくさいな～

いやね～　健ちゃんじゃなくって、この［二等辺三角形祭り］を考えついた人に言ってるんだわよ。

（10）式と解答

①$\triangle ABC \cdot \triangle BCD$において

$\angle CBD$は$\angle ABC$の外角だから

$\angle CBD = \angle a + \angle a$

$= 2\angle a$

$\triangle BCD$は二等辺三角形だから

$\angle CBD = 2\angle a = \angle CDB$

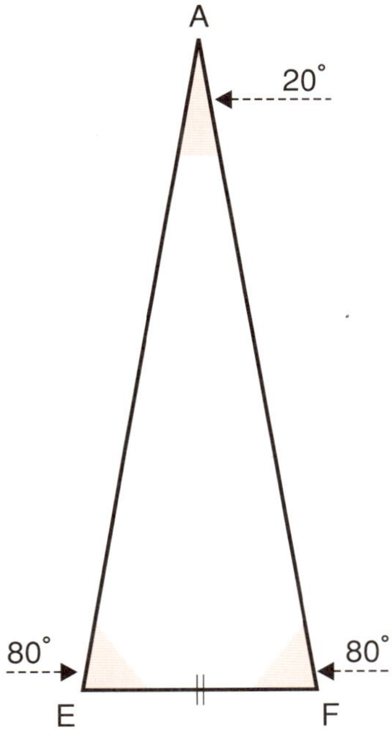

②△ＡＣＤ・△ＣＤＥにおいて
∠ＤＣＥは∠ＡＣＤの外角だから
∠ＤＣＥ＝∠ａ＋２∠ａ＝３∠ａ
△ＣＤＥは二等辺三角形だから
∠ＤＣＥ＝３∠ａ＝∠ＣＥＤ
③△ＡＤＥ・△ＤＥＦにおいて
∠ＥＤＦは∠ＡＤＥの外角だから
∠ＥＤＦ＝∠ａ＋３∠ａ＝４∠ａ
△ＤＥＦは二等辺三角形だから
∠ＥＤＦ＝４∠ａ＝∠ＤＦＥ
④△ＤＥＦ・△ＡＥＦにおいて
∠ＤＦＥと∠ＡＦＥは同位置だから
∠ＤＦＥ＝４∠ａ＝∠ＡＦＥ
⑤△ＡＥＦにおいて
△ＡＥＦは二等辺三角形だから
∠ＡＦＥ＝４∠ａ＝∠ＡＥＦ
⑥△ＡＥＦにおいて
∠ＥＡＦ＝∠ａ　∠ＡＥＦ＝４∠ａ
∠ＡＦＥ＝４∠ａ
△ＡＥＦの内角の和は
∠ａ＋４∠ａ＋４∠ａ＝９∠ａ
三角形の内角の和は180°だから
９∠ａ＝180°
∠ａ＝180°÷９＝20°
４∠ａ＝４×20°＝80°←２底角の角度
答　∠ａ＝20°←頂角の角度
４∠ａ＝80°←左右の底角

星のトンガリは何度？

折曲げテープ・多面形内角

問題1

ひとふで書きの星の図形があります。この星の∠ⓐ～∠ⓔを合計すると、何度ですか。

またまた、こんなややっこしい問題を～

スッキリしてるじゃん。角度なんかな～んにも書いてなくってさ～

ちょっと待ってよ。どこかで、見たような似たような問題のような気がするんだけれど……

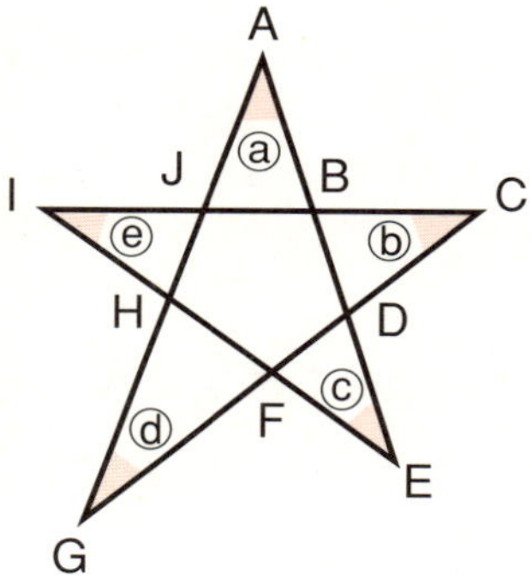

(1) 角度が全然掲載されていなかった問題を思い出そう

そういえば、角度がひとつも書かれていないのに、角度を求める問題があったわね。

そうそう、どうやって解いたんだっけ。

三角形の内角（180°）と、［外角］の決まりを活用したら解けたんだわ。

この問題もよく似ているわ。どこにも数字が出ていないのに、角度を答えろってわけなのね。

フ〜ン　それじゃ〜　今度も［外角］を活用して、解いてみようぜ。

どこから始めるの？

とりあえず、一番上の△ＡＢＪから始めようぜ。

∠ＡＢＪを外角としている角は、△ＢＥＩの中にあるわ。

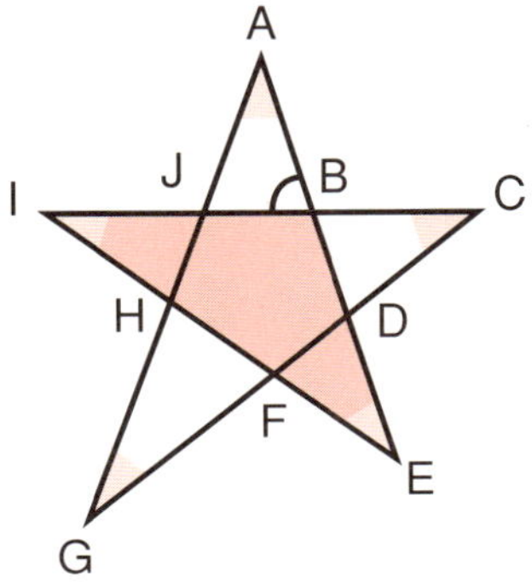

(2) △ＡＢＪを外角の本拠地にしよう

そうすると、その外角に等しい角度を、
△ＢＥＩの中から選べばいいのね。

∠ＡＢＪ＋∠ＥＢＩ＝180°ぐらいしか分からないわ。

でもさ〜　∠ＥＢＩに∠ⓒ∠ⓔを加えても
180°になるぜ。

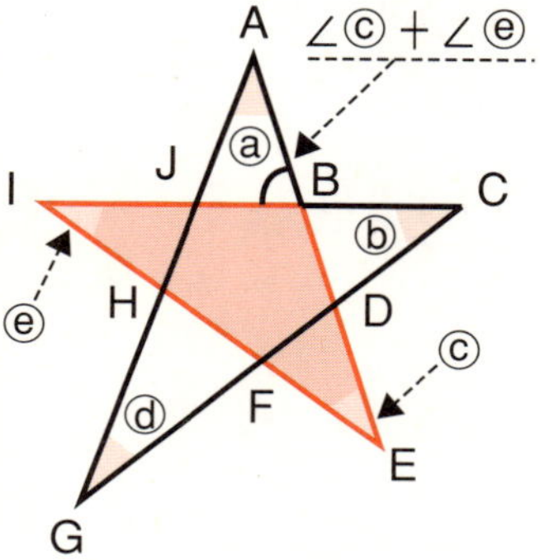

分かったぜ。その2個の式を1つにすると、
∠ＡＢＪ＝∠ⓒ＋∠ⓔになるね。

だから△ＡＢＪの中に∠ⓐと∠ⓒと∠ⓔが
集まったことになるんだな。

(3) トンガリの角が全部１カ所に集まったらどうなるの？

今度は、∠ＡＪＢが外角になるためにはどの三角形を考えればいいの？

その外角の辺の延長線を１辺とする三角形を選べばいいのさ。

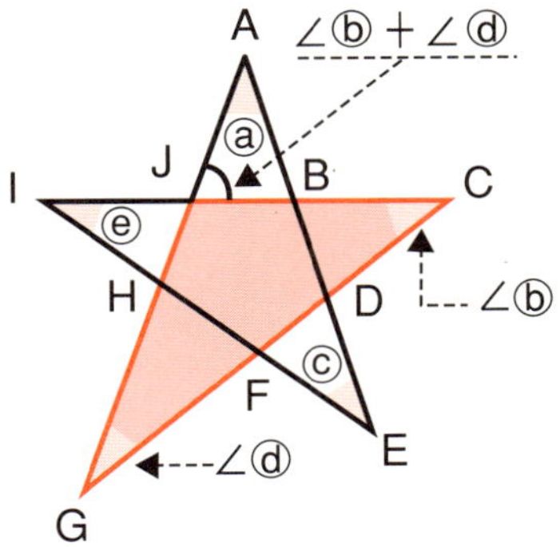

すると、△ＣＧＪの中から選べばいいのね。

それじゃ〜　さっきと同じ考え方で、外角ＡＪＢは［∠ⓑと∠ⓓの和］ということになるわね。

∠AJB ＝ ∠ⓑ＋∠ⓓ

(4) 三角形の内角の和は

スッゲ～！
星の５個のトンガリが全部、１カ所に集まっちゃったぜ。

１カ所に集まったことでどうしてそんなに驚くの？

エ～ッ？　どうして驚かないの？　もう解けちゃったのに～

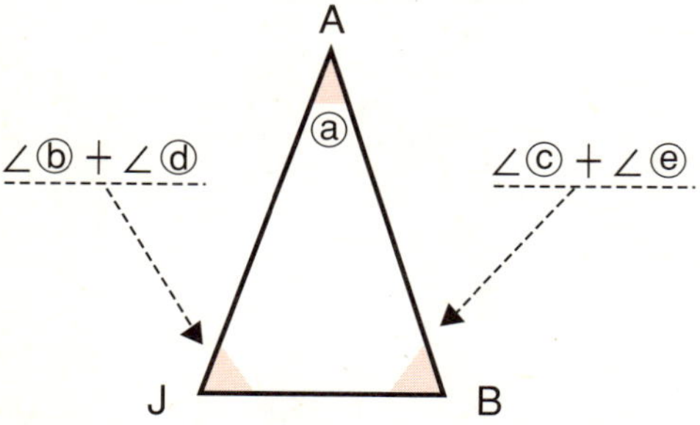

ウッソ～　まだ数字が出ていないのに、どうして、解けたって言えるの？

三角形の［内角の和］は何度か知ってる？

知ってるわよ、それっくらい。180°でしょ。

それじゃ～
［∠ⓐ＋∠ⓑ＋∠ⓒ＋∠ⓓ＋∠ⓔ］が
１個の三角形の中に全部あるってことは、
∠ⓐ＋∠ⓑ＋∠ⓒ＋∠ⓓ＋∠ⓔ＝180°
ということになるでしょう。

ワ～ッ！　本当だわ。ヤッタヤッタ～！

答　180°

(5) 式と解答

∠ＡＢＪ＝∠ⓒ＋∠ⓔ
∠ＡＪＢ＝∠ⓑ＋∠ⓓ
∴△ABJの内角＝∠ⓐ＋∠ⓑ＋∠ⓒ＋∠ⓓ＋∠ⓔ
＝180°

答　180°

問題2

正方形ＡＢＣＤと合同な正方形ＥＦＧＨがあります。この二つが、図のように重なっています。

この重なっている、赤色の面積を求めなさい。

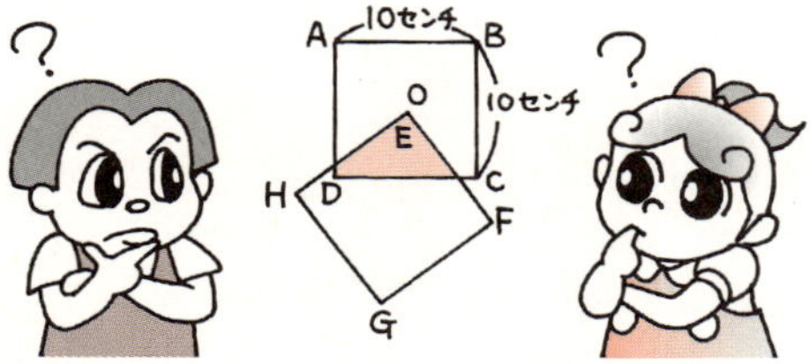

(1) 重なりを変えてみよう

どうして、こんなに意地悪な問題ばかり思いつくの？

いつでもそうだけど、聞いてみるとナ～ンダっていうことが多いんだよな～

中途半端な重なり方だから分かりにくいん

で、もっと区切りのいい重なり方に変えましょうよ。

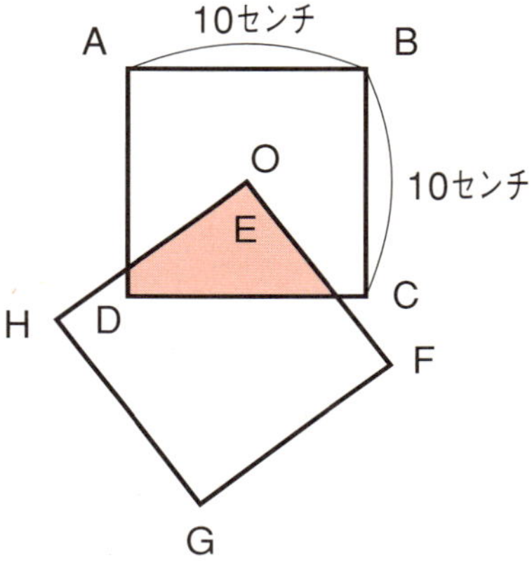

どんなふうに重ねるといいのかな～

①互いに 90°になるように重ねる

次頁の図のように重ねれば、赤色の図形は正方形になるので、面積は簡単に出せるわ。

次の図の赤色の面積は［5 × 5 ＝ 25センチ］になるけど、そんなにうまくいくわけはないよね～

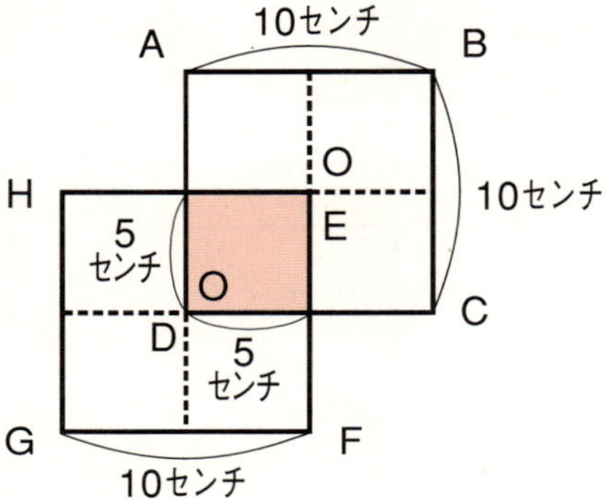

②１辺を対角線に揃える

そうだな～　念のためもう１回、重ね方を変えて面積を出してみようか。

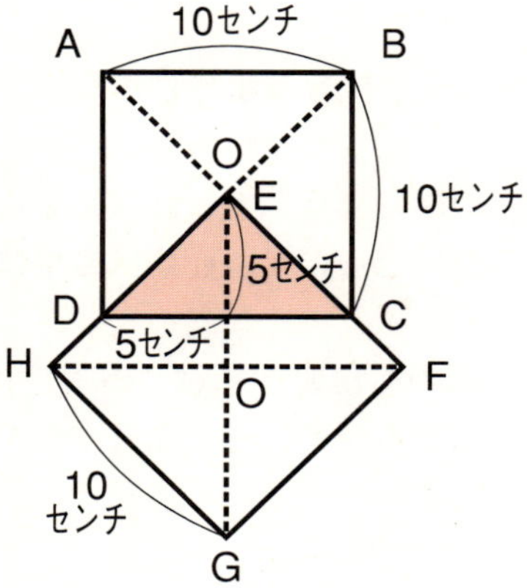

この重ね方も、縦５センチ・横５センチだ

から［5 × 5 = 25センチ］となって、①と同じだからこれで決まりかな～

(2) **赤色の面積は、①か②のどちらかの形に変えても同じでしょうか**

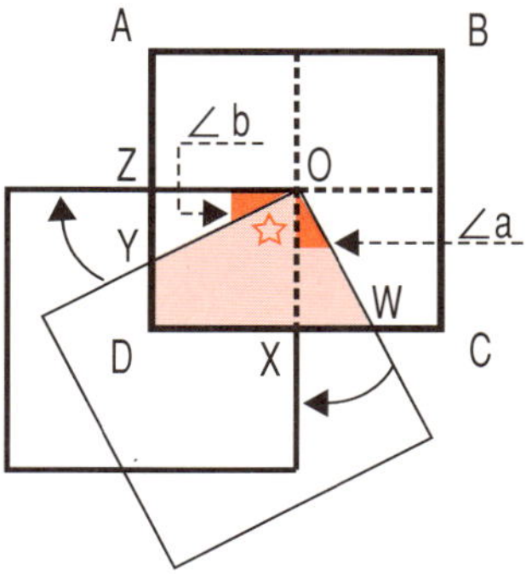

これは、①の場合の図形に変えるときの図形だわ。この図で何か分かるの？

そうさ。この赤色の面積がどうして①の正方形の面積［5 × 5 = 25cm^2］と同じだと考えていいのかを証明しよう、というわけさ。

面白いわね。教えて、おせ～て。

エ～ッ？　他人まかせじゃダメでしょう。

自分達で解くんだよ。

エ～ッ？　意地悪～！　簡単だって言ったじゃん。

とにかく、やってみようぜ。簡単かもよ。

(3) 着眼点はどこ？

赤色（四角形ＯＷＤＹ）の面積が、正方形ＯＸＤＺと等しいことを、証明すればいいんだわね。

そんなこと、どうやったら分かるのかな～

四角形ＯＷＤＹの中で、邪魔になりそうな部分は、△ＯＷＸだわね。

縦線ＯＸがあるから、よく分かるわ。

なんで邪魔にするんだよ。

邪魔にするんじゃなくって、２個の四角形の面積が等しいことを証明するためにやっていることなのさ。

邪魔になった三角形はどうするの？

(4) △ＯＷＸの面積を、どこに移動させればいいの？

△ＯＷＸが、もし△ＯＹＺと合同だったら、正方形になるのにな〜。

いいこと、言うね〜　それが証明できたら、もう、言うことないんだよ。

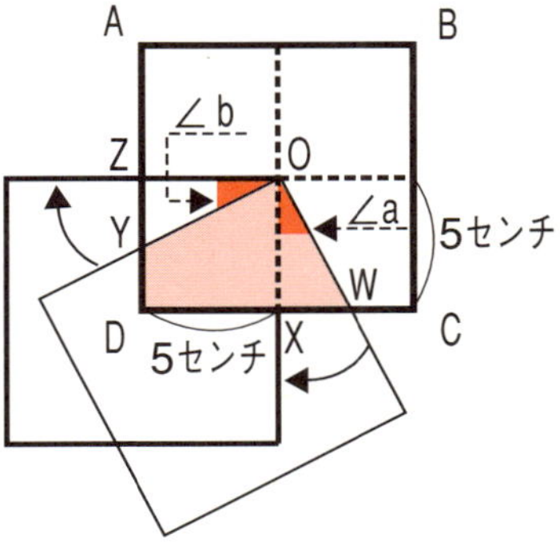

どうしたら、証明できたことになるの？

三角形の合同条件はいくつかあるけど、ここでは［１辺とその両角が相等しい］ことが納得できれば、いいのです。

あったぜ〜　△ＯＷＸと△ＯＹＺの間で考えれば、ＯＸ＝５センチ＝ＯＺだから、条件が１つクリアできたことになるぜ。

うまい　うまい。もう解けたも同然だね。

(5) 辺ＯＸ・ＯＺの両角は？

①□ＯＸＤＺは正方形だから

∠ＯＸＷ＝90°
∠ＯＺＹ＝90°

メッケタわよ～ん！
両方とも直角だから、角度が１つクリアできたわよ。

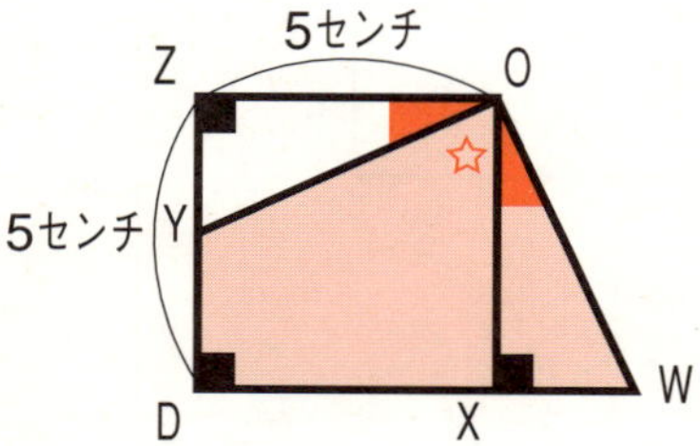

そうすると、辺の１個が同じ長さで、片方の角度が同じ90°だから、残りはもう１つの角度だわね。

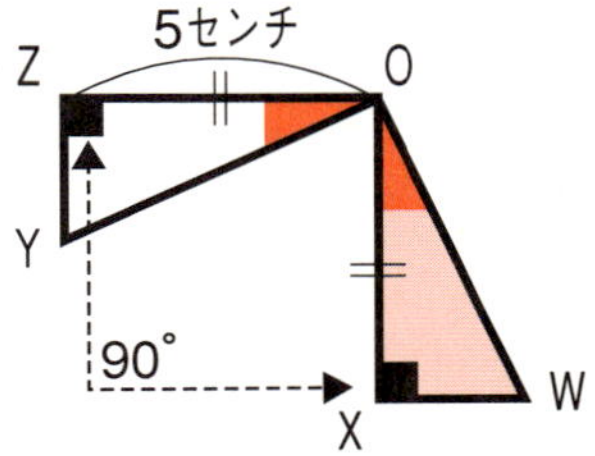

②∠aと∠bは何度？

エ〜ッ　そんな角度まで分かるの？

いやいや、それは無理だね。

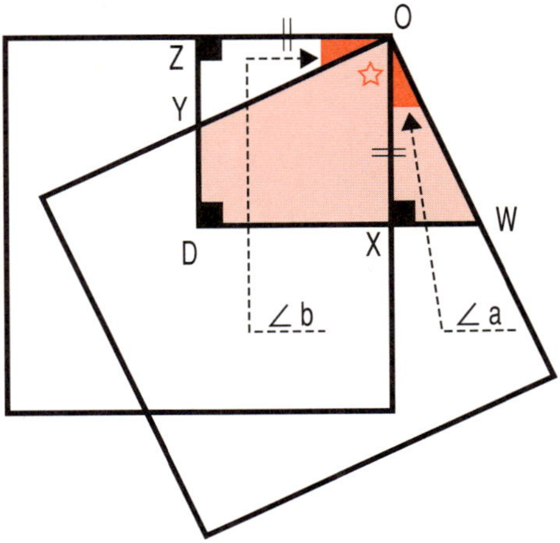

じゃ〜　どうすりゃいいの？

角度が分からなくったって、いいのさ。

ウッソ〜　それじゃ〜どうするの？

合同の決まりでは、１辺と両端の角度がそれぞれ相等しければいいんだぜ。

それが難しいんじゃないの。

$\angle a$が$\angle b$と等しい角度だと証明するためには、２つの正方形が点Ｏを中心に回転していることを意識すれば、簡単に解けるんじゃないのかな。

へ〜ッ　どうして〜

正方形の角だから、
$\angle$☆$+\angle a = 90^{\circ}$になるでしょう。

うんうん　そうだね。

そうしたら、$\angle$☆$+\angle b$も90°でしょう。

どうして？

もう１つの正方形の角だからさ。

③∠ a と∠ b は、どんな関係？

さっきの話をまとめると、こうなります。

∠☆＋∠ a ＝ 90°

∠☆＋∠ b ＝ 90°

とすると、

∠ a ＝ 90° −∠☆

∠ b ＝ 90° −∠☆

となるから

∠ a ＝ 90° −∠☆＝∠ b となって

∠ a ＝∠ b ということになるのさ。

(6) ２つの三角形が合同だったらどうなるの？

ということは、２つの三角形を入れ替えても同じ面積だということになるのさ。

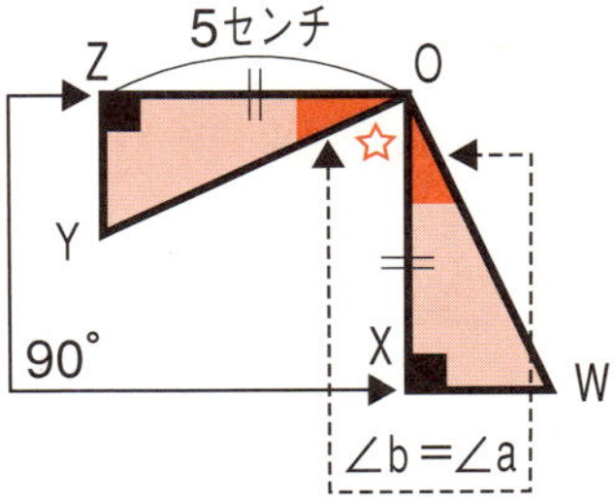

どうして、入れ替えるの？

ここで初心にもどるのです。下図の赤色の面積を求めろ、という質問だったね。

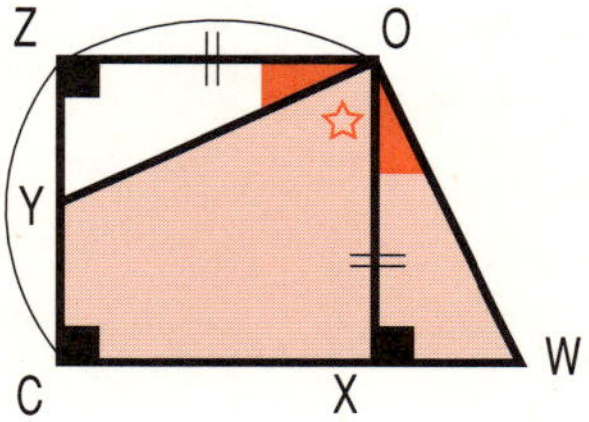

そうそう。そうだった。

でもさ、そのままでは面積が求められないから、△ＯＷＸを切り捨てて、△ＯＹＺに当てはめれば、正方形になって、面積が求められる、ってわけさ。

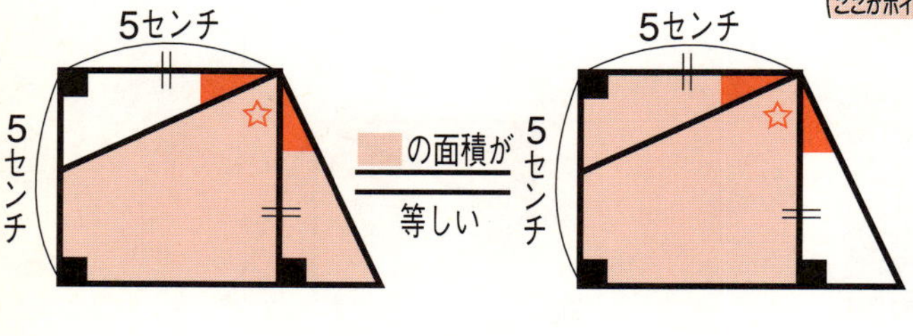

へ〜ッ！　あったまいい！　とても無理だと思ってたけど、最初に想像したようになっちゃったんだね。そうすると、式はこう

なるね。

$5 \times 5 = 25\text{cm}^2$

(7) 証明と式と解答

①△ＯＷＸ≡△ＯＹＺ

（理由）　Ⅰ.直線ＯＸ＝５センチ＝直線ＯＺ

Ⅱ.∠ＯＸＷ＝直角＝∠ＯＺＹ

Ⅲ.∠ＷＯＸ＝∠ＹＯＺ

② $5 \times 5 = 25\text{cm}^2$

答　25cm^2

問題3

図のような八角形があります。この8個の内角の合計は何度ですか。

なんにも教えないで角度を聞くなんて、先生って、いつもこうなんだから〜

角度の問題のときは、いつも三角形が出てきたわよ。

フ〜ン　それじゃ〜この八角形も、全部三角形に分けてしまったらどうかしら。

やろうやろう！　面白そうだぜ。どうやって分けたらいいのかな～

分け方には２通りあるんだけどね。

あまり考えない解き方の方がいいんだけどな～

ついでだから、両方やってみましょうよ。

(1) 単純明快な方法

ただの八角形だったら、こんなにきれいな形にはならないと思うんだけど。

そうだね。分かりやすく描いただけで、もっと変形した形でも同じなんだけどね。

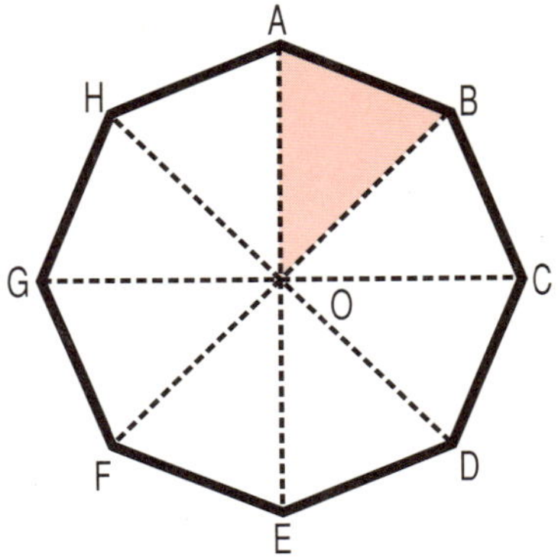

これからどうするの？

この中のどれでもいいけど、１個、三角形を選ぶのさ。

フムフム　△ＡＢＯにしようぜ。

その三角形の内角の和は180°でしょう。

そうね。でも、そんなことを言ったら、全部そうなるじゃないのさ。

そこだよ。いいこと言うね。

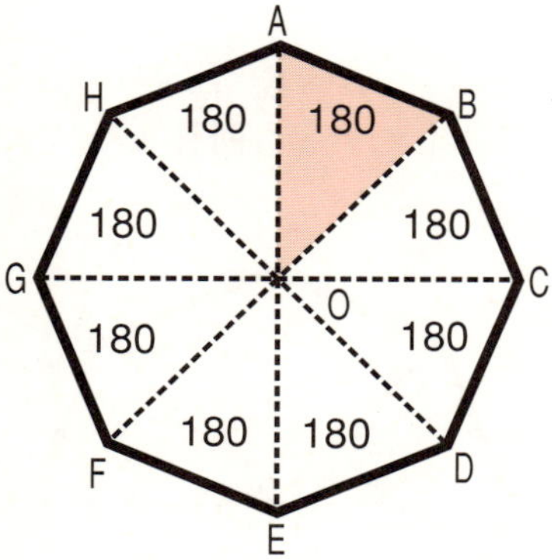

エ～ッ！　あっそうか～　分かったぜ！
その三角形が全部で８個あるから、180°を

８倍すればいいんだな。

ちょっと待ってね。なんだかおかしいわよ。

どうしてさ。

だって、そうしたら八角形の内角のほかに、関係がないはずの中心の360°まで足した計算になるわよ。

ありがとう、教えてくれて。それじゃ８個の三角形の和から、360°を引いとけばいいんだね。ウッシッシ～

$180 \times 8 - 360 = 1080$

答　1080°

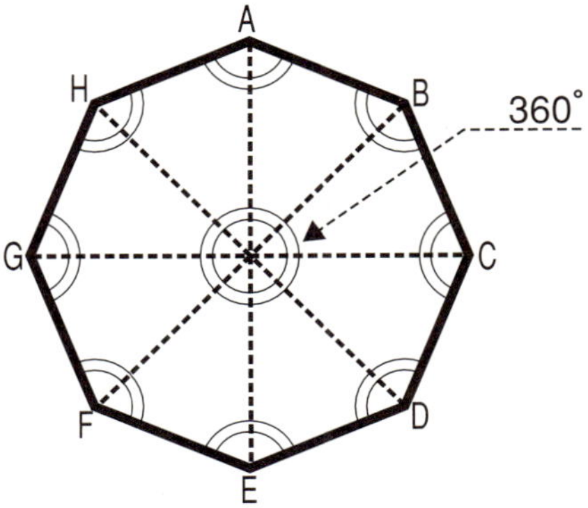

(2) 次はどういう三角形？

どこか1つのカドを決めて、図のように、ほかのカドに直線を描いて、三角形を作るのさ。

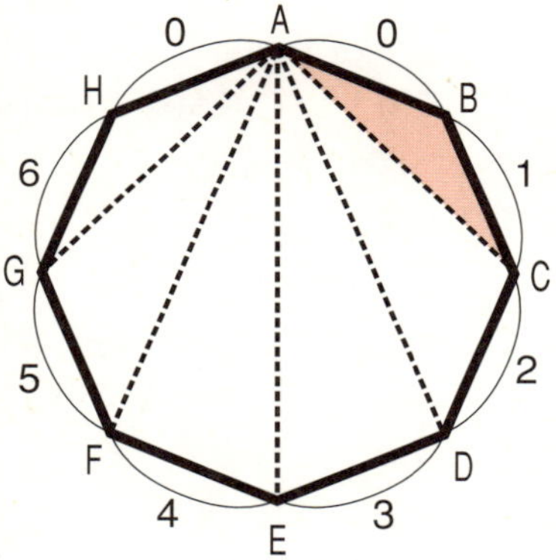

なんで、各辺に番号が付いているの？

三角形の数を調べるためで、Aを頂点と考えれば［三角形の数＝底辺の数］と考えられるでしょう。

でもさ、［0］っていう辺もあるじゃん。

［0］は、頂点Aに対する底辺ではない辺に付けたんだよ。そして、それは多角形の辺の中の2辺だけだから、

［N角形－2］＝三角形の数

と考えればいいのです。

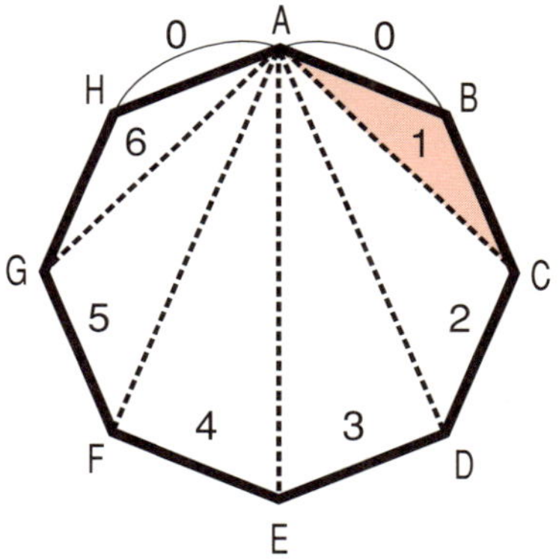

フ～ンそれじゃ、この八角形では三角形は
［8 － 2 ＝ 6 個］
ってことになるの？

うまいうまい。三角形が 6 個あれば、八角形の内角は出せるね。

計算なら、まっかしといて～
$180 \times 6 = 1080°$

(3) 式と解答

① $180 \times 8 - 360 = 1080°$

解答　1080°

② $180 \times (8 - 2) = 1080°$

解答　1080°

移動図形の面積を求めよう

連想図形と式の把握

問題

半径10センチの円Oを4分の1にした扇形ＡＯＢがあります。今これが点Ｂを中心にして、右へ90°回転しました。弧ＡＢが動いたあと（赤色部分）の面積を求めなさい。

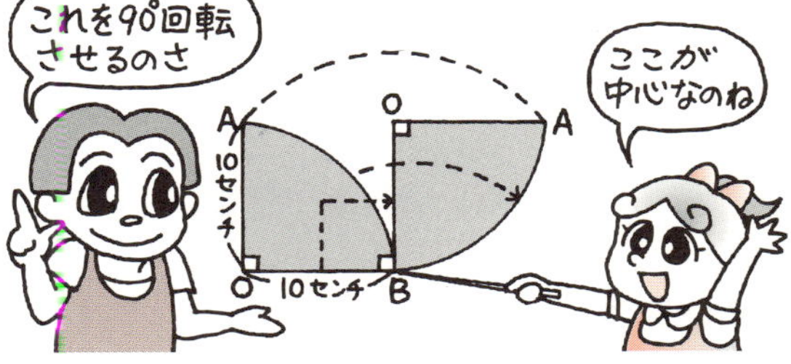

(1) どんな図形をヒントにするといいのかな

直線と曲線がまじっていて、どこから解明すればいいのか、見当がつかないぜ。

図形なんだから、見た目で正方形や扇形だということが分かるでしょ。

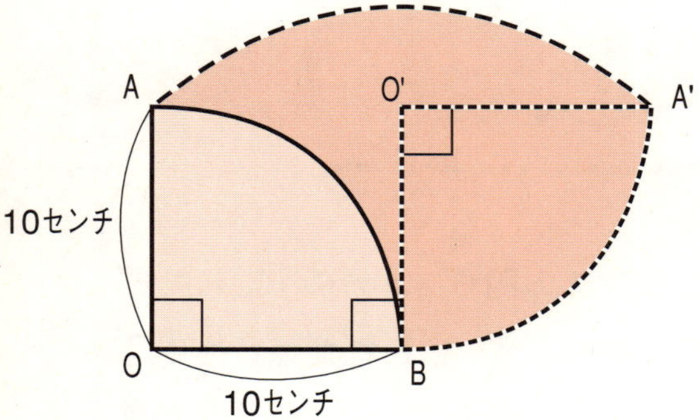

(2) 連想方式関連図

①正方形・三角形・円・扇形

そりゃ分かるけど、この図がこうだと、1つひとつ、順に描かないと理解できないぜ。

ⓐ扇形ＡＯＢから…

そりゃそうだね。扇形ＡＯＢから連想できる図形を描いてみようか。

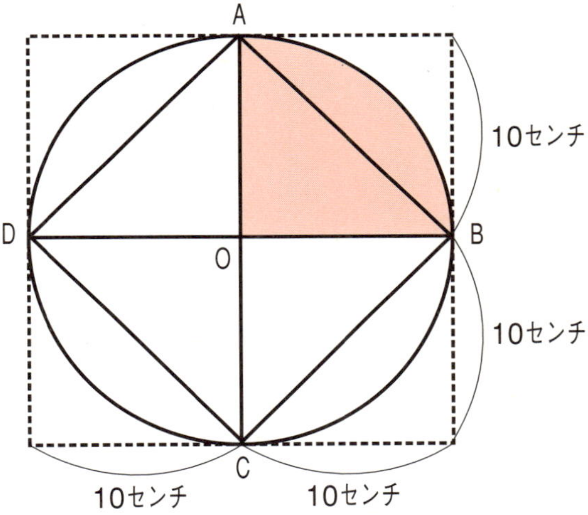

ワッワ〜ッ！　もう、これで全部じゃないの？　だってさ〜

(1) 半径10センチの［円O］
(2) 一辺が20センチの正方形
(3) 対角線が20センチの正方形
(4) 一辺が10センチの正方形
(5) 二辺が10センチの直角二等辺三角形

〜こんなに分かっちゃったんだもん。

ⓑ弧ＡＢの移動による図形から

この赤色の図形のままでは、面積なんか求められないよ。

だから、さっきのように、赤色の図形から連想できる図形を考え出さなきゃ〜

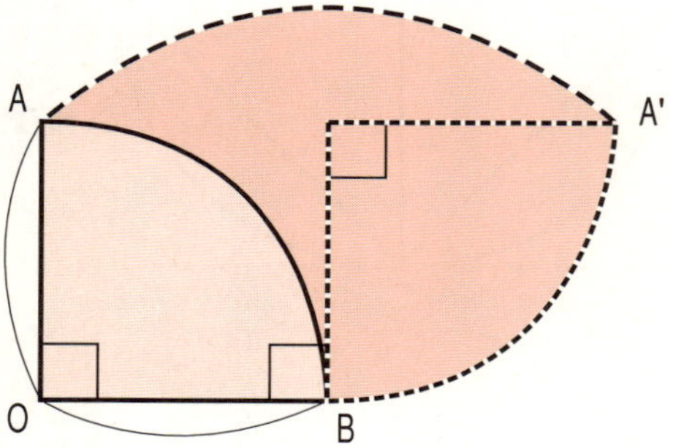

どんな図形なの？

次の図が、弧ＡＡ′から作られる円Ｂと、扇形ＡＢＡ′だよ。

扇形ＡＢＡ′がどういう円の一部か、ということは分かるけど、これからどうすればいいのか、見当がつかないわ。

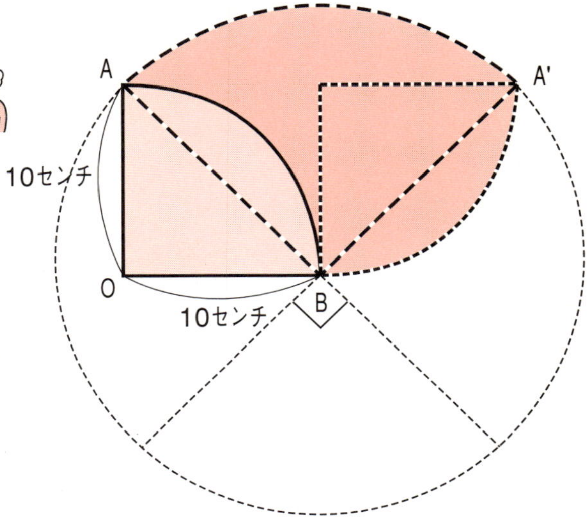

でもさ、扇形ＡＢＡ´と、求める赤色の図形との違いは、すぐ分かるでしょ。

②求める赤色の図形と、扇形ＡＢＡ′（連想図）との相違点と共通点

求める赤色の図形　　　　扇形ABA'

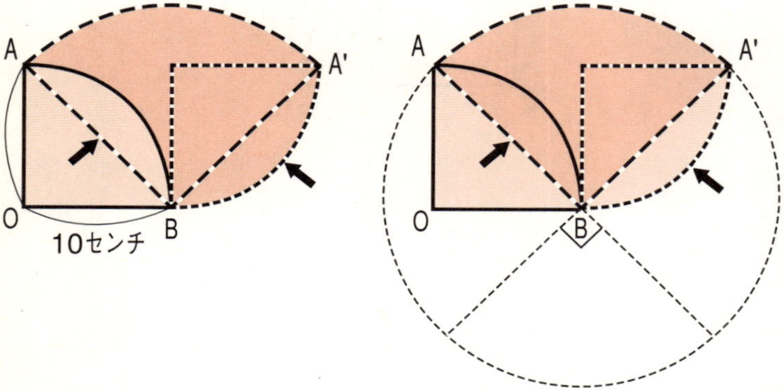

左図の赤色は問題文の通りだけど、そのときにできた弧ＡＡ′から推定できる、円Ｂと扇形ＡＢＡ′を描いたら、右図のように、興味ある連想図ができたのさ。

でもさ、赤色の一部（矢印）を黙って入れ替えているわよ。

さすがに鋭いな～　左図の赤色の面積を求める、というのが問題なんだけど、そのままでは面積を出せないから、形を整えたのさ。

そんなに勝手に形を変えてもいいの？

この場合は、入れ替えた図形の面積が同じだからいいんだよ。

どうしてそんなことが言えるの？

扇形ＡＯＢが90°回転したから、扇形Ａ′Ｏ′Ｂができたんだから、２つの形は同じでしょ。

な～るほど、だから交換した部分も同じ形だし、同じ面積になるわけだ。

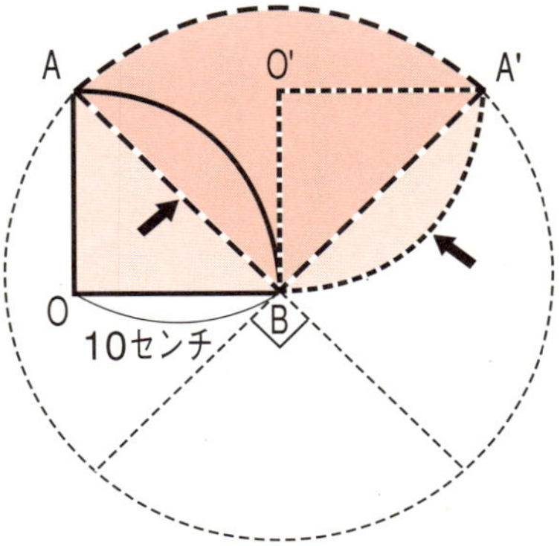

(3) 円B（半径AB）と扇形ABA′

①半径ABの長さは

そうすると、この赤色の面積を求めればいいというわけね。

でも、そのためには、円B（半径AB）の面積を出さないと……

簡単じゃん。その（半径AB）ってのは何センチなの？　すぐ計算してやるぜ。

問題には書いてないわよ。分かるのは、半径AOが10センチってことだけよ。

②行き詰まったら、原点に戻ろう

原点といわれても、二つあるんだけど。

ⓐ連想図から

［扇形AOB］

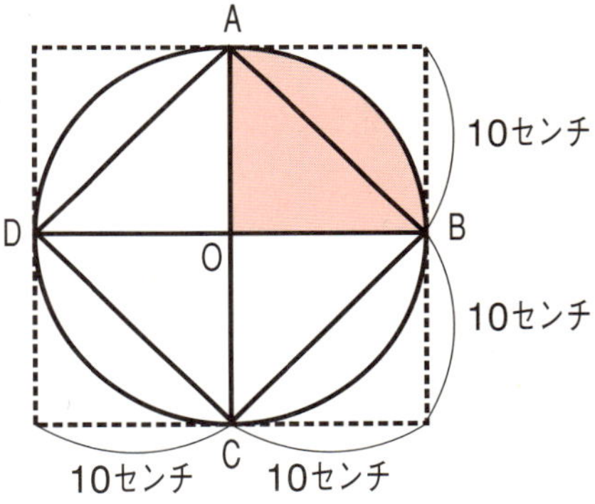

［扇形ABA'］

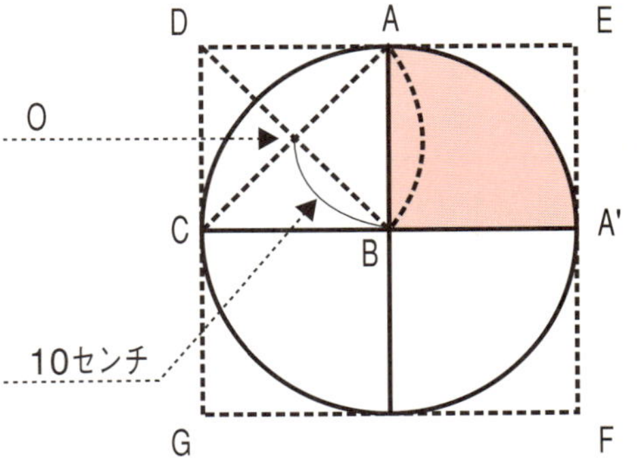

上図を参考にすると、まず下図の□ＡＢＣＤの面積は出せるよね。

うん［ＡＢ×ＢＣ］だぜ。

それは［線ＡＯ＝10センチ］を利用して求められるってことになるけどね。

うん、計算ならまかしといて～
□ＡＢＣＤ＝10×10×2＝200cm^2

でも、やっぱり［ＡＢ×ＢＣ］が、出てこないわね。

ＡＢという文字が出ればいいの？
□ＡＢＣＤ＝200＝ＡＢ×ＢＣ＝AB^2
簡単じゃん。これでどうかな。要するに［ＡＢ］が出てくればいいんでしょ。

ⓑ式からも原点に戻ろう

⑴ 円Ｏの面積＝$10 \times 10 \times \pi$
⑵ 円Ｂの面積＝$AB^2 \times \pi$
⑶ 扇形ABA'の面積＝$AB^2 \times \pi \times \frac{90}{360}$

さっきは、上の（1）の式の一部を使って、［ＡＢ×ＡＢ＝200］という式ができたし、こんどはそれを⑶に当てはめれば、２つの連想図が合体したことになるわね。

(3) には、［ＢＣ］という文字がないけれど、合体できるの？

図を見れば［ＡＢ］と［ＢＣ］とは同じ長さだっていうことくらい、分かるだろ。

ま〜ね。

(4) 式と解答

それじゃ〜　あとは計算すればいいんだね。まっかしといて〜

扇形ＡＢＡ′の面積 $= AB^2 \times \pi \times \frac{90}{360}$

$= 200 \times \pi \times \frac{90}{360}$

$= 200 \times \frac{90}{360} \times \pi$

$= 50\pi = 157$

<u>答　157 cm^2</u>

練習問題　―１章―

問題１　長方形ＡＢＣＤを、ACを折り目として折り返したら、図のような三角形ＡＥＦ（３辺が３cm，４cm，５cm）ができました。長方形ＡＢＣＤの面積を求めなさい。（広島学院中）

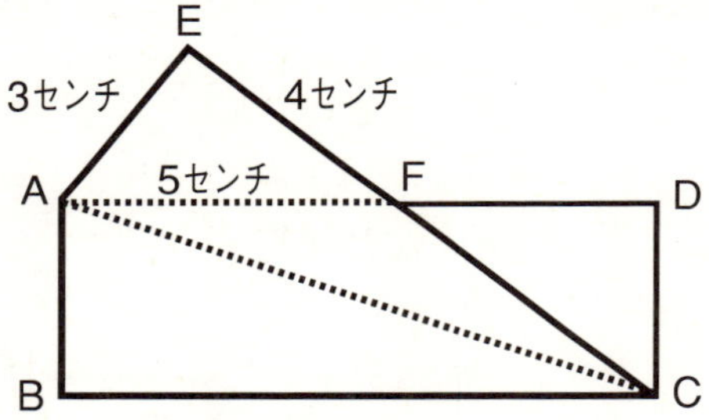

解答１

$\triangle \mathrm{AEF} \equiv \triangle \mathrm{CDF}$

$\because \angle \mathrm{AEF}$ ＝直角＝ $\angle \mathrm{CDF}$

$\angle \mathrm{AFE}$ ＝錯覚＝ $\angle \mathrm{CFD}$

$\mathrm{AE} = 3\,\mathrm{cm} = \mathrm{CD}$

$\therefore \mathrm{EF} = 4\,\mathrm{cm} = \mathrm{DF} \quad \mathrm{AF} = 5\,\mathrm{cm} = \mathrm{CF}$

$\mathrm{AD} = \mathrm{AF} + \mathrm{DF} = 5 + 4 = 9\,\mathrm{cm}$

$\mathrm{AB} \times \mathrm{AD} = 3 \times 9 = 27\,\mathrm{cm}$

答　27cm

問題２　右の図は、たて９cm、横14cmの長方形　ＡＢＣＤとＣＤを直径とする半円を組合せたものです。Ｅは半円の周のまん中の点です。赤色の部分の面積を求めなさい。

ただし、円周率は $\frac{22}{7}$ とします。（東京雙葉中）

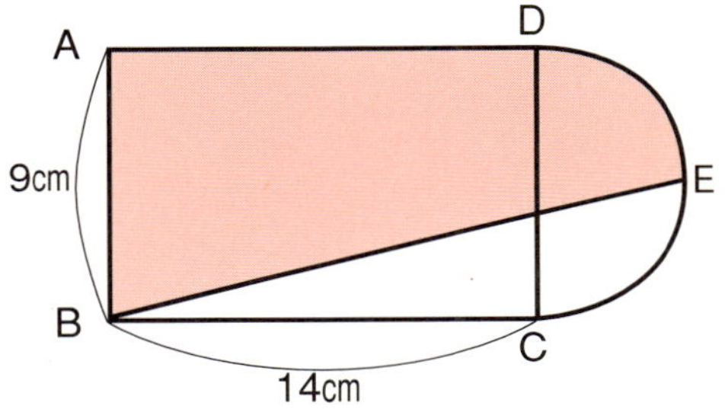

解答 2

$9 \div 2 = \frac{9}{2}$

$9 \times 14 \div 2 + \frac{9}{2} \times \frac{9}{2} \times \frac{22}{7} \div 4$

$+ (14 + \frac{9}{2}) \times \frac{9}{2} \div 2$

$= 63 + \frac{891}{56} + \frac{333}{8}$

$= 63 + \frac{891}{56} + \frac{2331}{56} = 63 + 57\frac{30}{56}$

$= 120\frac{15}{28}$　　　答 $120\frac{15}{28}$

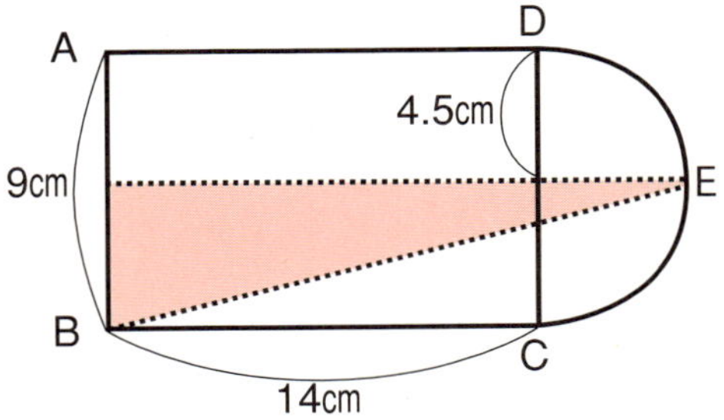

隆一・とおるの小遣い合戦

倍数問題 2

900円で
2分の1に接近

倍数算

問題

隆一君ととおる君は、2人で3時のおやつを買いに行くことにしました。財布の中を見ると、隆一君の所持金はとおる君の5倍もありましたので、お母さんからそれぞれ900円ずつもらいました。すると隆一君の所持金はとおる君の2倍にまで縮まりました。2人の最初の所持金は、それぞれ何円だったでしょうか。

900円で、５倍もの差が２倍にまで縮まるなんて、隆一君たち最初はいくら持っていたの？

それって、まるっきり答を聞いているんじゃん。

イッヒッヒ～　バレてしまったか。そんなら、ヒントの図くらいは描いてよ。

(1)　最初の所持金の線分図

ま～　それくらいはサービスしとこう。

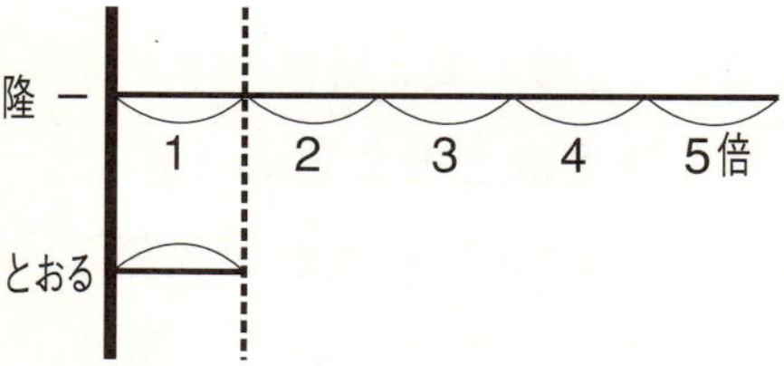

こんなもんでいいだろ～　あとはみんなで作らなきゃ～

そりゃそうなんだけど～　どこから手をつければいいの？

900円ずつもらったんだから、両方に900円ずつ付け加えればいいのさ。そのときの注意点としては、2倍になるように、結果としてできる図を予想して描くことだね。

(2) 900円ずつもらったときの線分図

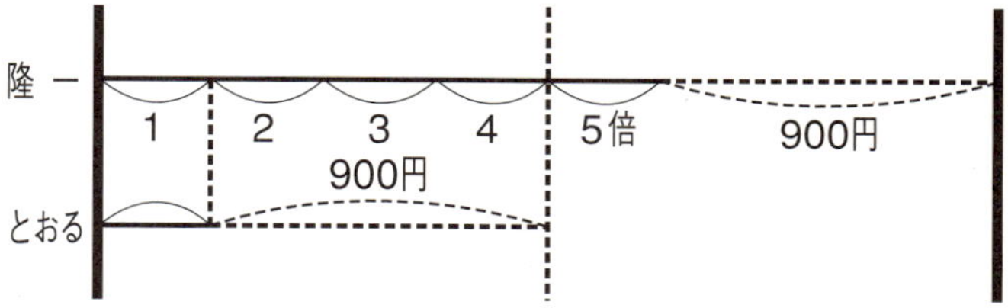

ワ〜ッ！　すごい線分図が描けたわね。5倍のお金と900円の様子がよく分かるわ。

ほ〜んとによく描けているわね。でも、これから先、どうすれば解けるの？

そうだな〜　問題に出されている条件で、まだ描きこまれていないことがあるんじゃないの？

ムムム　エ〜ッと　アッそうか〜
これならどうかな〜

(3) 2倍の条件を記入すると……

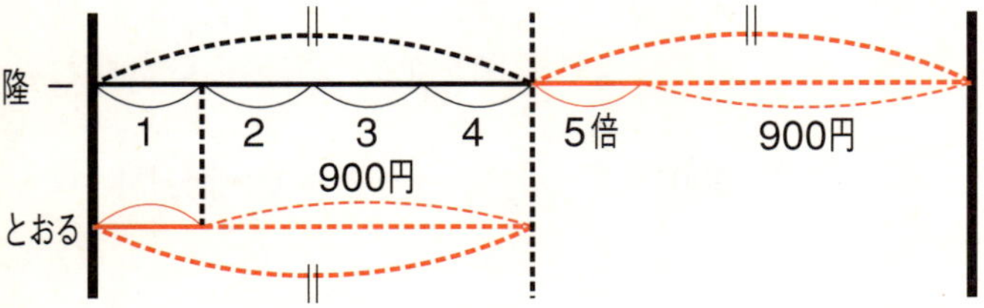

もう、線分図を描いただけで、分かっちゃう気がするぜ。とくに、倍数に関する条件が記入されると、生き生きとしてくるんだな〜

でも、本当に解けたわけじゃないから、位置は図の通りかどうかは、まだハッキリしていないんでしょ。

そう、それはこれからさ。図を見ながら解いていこうぜ。

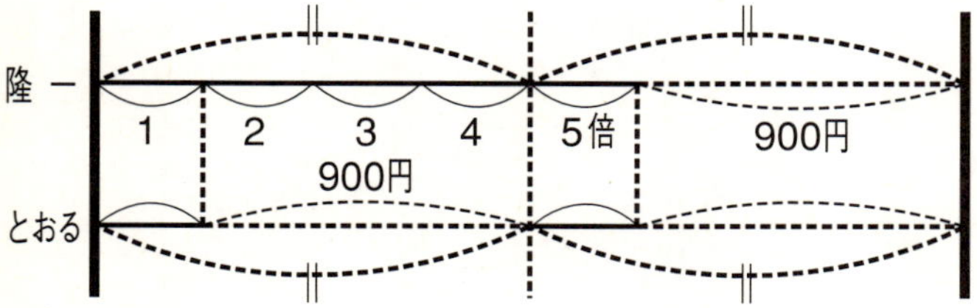

900円をもらったら、隆一君の方がとおる君の2倍になったのだから、こういう図もできるわ。

それで何が分かるの？

ということは、この図は正確で、この絵の通りに解いていけばいい、ということを証明してるってこと。

フ〜ン　この図で2人を比べて、真ん中で左右に分けると、上下で違いがあるのは左の方ね。

いい点に気がつくね〜　そこがポイントなのさ。

(4) 図の左半分の2人を比べる

あら〜　ずいぶん分かりやすい図になったわね。自分の目を疑うほどだわ。

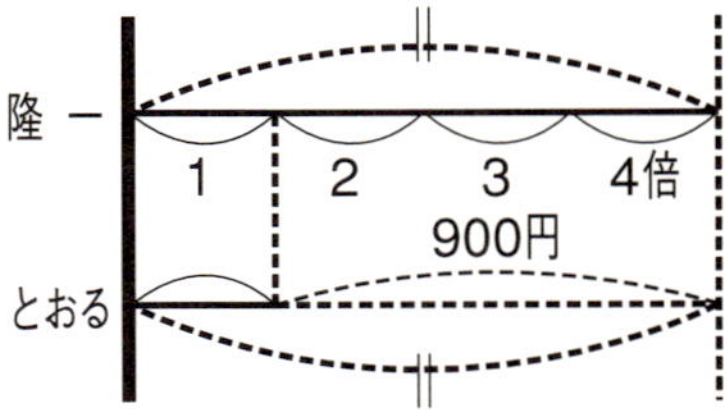

図の［2・3・4倍］の部分が900円だっていうことが、ハッキリ分かるね。

やっとで計算の番がまわってきたぜ。
900円÷（5－2）＝300円
ヤッタ～！　これが、とおる君の最初の所持金だぜ。

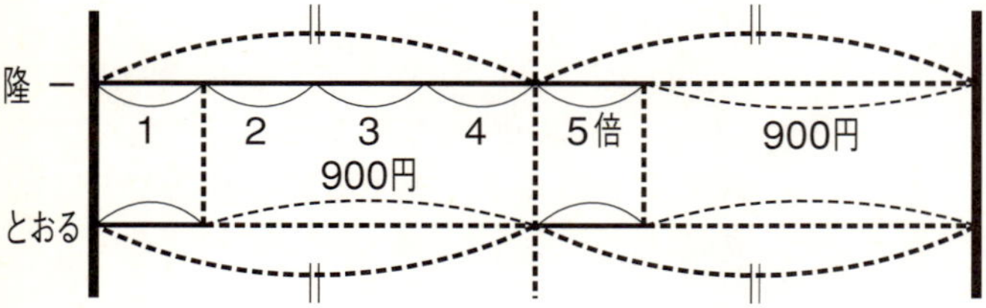

今度は隆一君の所持金調べだわね。別に図を見なくても分かるけど、とおる君の5倍だったんだから、計算すると、こうなるわ。
300円×5＝1500円

(5) 式と解答

とおるの最初の所持金
900円÷（5－2）＝300円
隆一の最初の所持金
300円×5＝1500円
答　とおる＝300円　隆一＝1500円

（6）確認

①隆一の最初の所持金は、とおるの最初の所持金の５倍になっているか。

1500円÷300円＝５倍

②隆一の所持金は、とおるの所持金の２倍になったか。

隆一が900円もらったときの所持金

1500円＋900円＝2400円

とおるが900円もらったときの所持金

300円＋900円＝1200円

隆一の所持金は、とおるの所持金の２倍か？

2400円÷1200円＝２倍

金額と冊数の変化に着目　倍数問題

分配ミスの調整を線分図で

倍数算＋やりとり算

問題

拓也は1500円、はるかは2250円出して、同じ値段のノートを一緒に買いました。
そのノートを分配するとき、はるかの方が10冊多くなってしまいました。
そこで2人は相談して、ノートの冊数を変えずに、はるかが拓也に250円支払うことで精算しました。
拓也とはるかの2人は、それぞれ何冊のノートを買ったのでしょうか。

（1） 2人が出した代金の比較

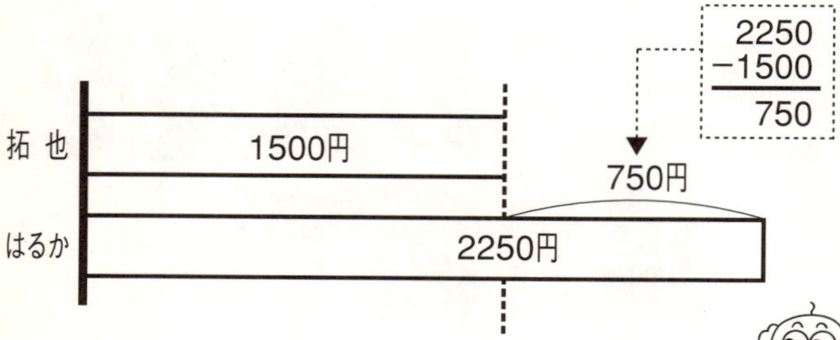

（2） はるかが拓也に250円払った線分図

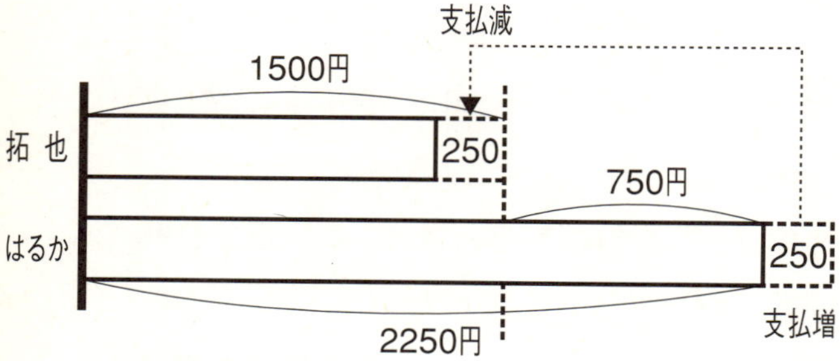

これは、はるかちゃんが初めに払った2250円以外に、追加して払った250円を表わす線分図なのね。

そうみたいね。そしてその250円が拓也君に渡されたから、拓也君は支払い額が減少したことになるのね。

これだけじゃ～　解けるなんて言えないぜ。ノートの冊数との関係が、ぜんぜん描かれていないからね。

(3) ノートが10冊多いための金額は？

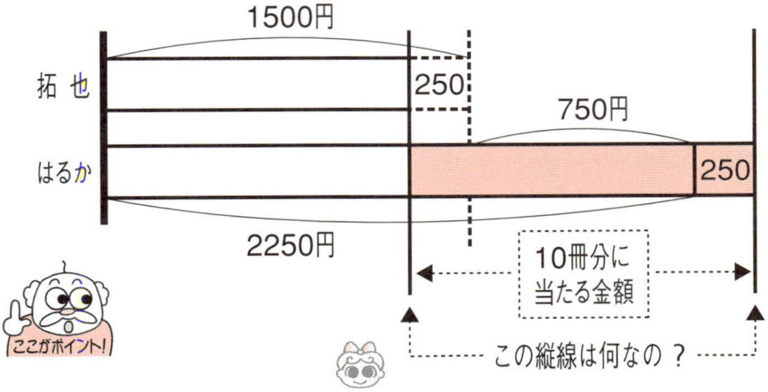

ワ～ッ！　ずいぶん書き込んだな～っ！

それじゃ～　これでどうかな～　ご希望の通り、問題文中に出てきた唯一の言葉の［10冊］を線分図に入れてみたけど。

右の縦線は、10冊多いために追加した250円も含めた、はるかちゃんの全支払金額だわ。

左の縦線は、はるかちゃんが拓也君に250円払ったときの、拓也君の全支払金額さ。

そうすると、線分図の左右の縦線の範囲内が、［10冊分に当たる金額］になるのね。

分かったぜ。それなら式はこうなるんだね。
750 + 250 × 2 = 1250円← 10冊分

ワ〜ッ！　ようやく冊数と金額が結びついたわ。

やったね。あとは、全部僕にまかしといて。

(4) 式と解答

750円 + 250円 × 2 = 1250円← 10冊分
1250円 ÷ 10冊 = 125円← 1冊分
(1500円 − 250円) ÷ 125円 = 10冊…拓也
(2250円 + 250円) ÷ 125円 = 20冊…はるか
答　拓也君は10冊　はるかちゃんは20冊

別解
10冊 + 10冊 = 20冊…はるか
答　拓也君は10冊　はるかちゃんは20冊

倍数に相当する金額を探せ

倍数算

問題

百合の所持金は、隼の所持金の8倍でした。ところが百合が700円使い、隼は100円もらったので、百合の所持金は隼の3倍になりました。2人の最初の所持金は、それぞれいくらだったでしょうか。

計算なら、まっかしといて〜〜!

(1) 対で比べる線分図

もっとやさしい問題にしてくれな〜い！
なんで、こんなにややっこしいお話ばっかりするの〜？

僕にも、まだ分からないけれど“百聞は一見にしかず”っていうから、とりあえず線分図で考えてみようよ。

ずいぶん簡単に言うけど、その線分図をどう描くのかが分からないよ。

とにかく、対で比べた線分図を描くんだから、２人の所持金を線の長さで表わしてみようぜ。

(2) 最初の所持金を倍数で比較した線分図

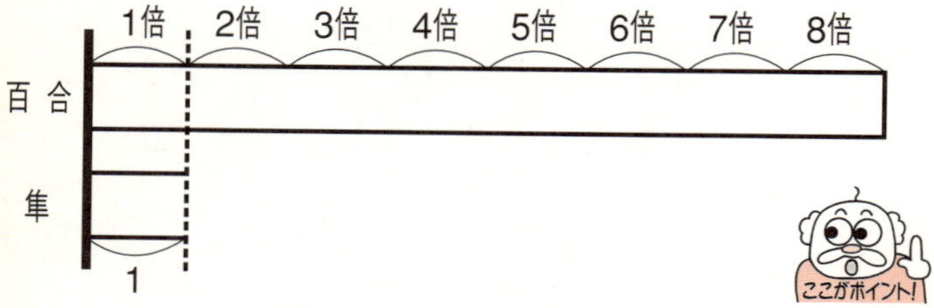

倍数だけだから、簡単で分かりやすいわ。

(3) 加減したときの線分図

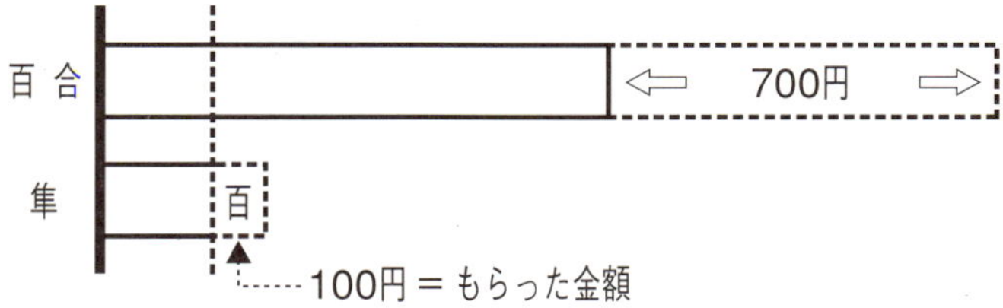

これは百合ちゃんが700円使って、隼君は100円もらった、加減を表わす線分図ね。

分かりやすい線分図だけど、これだけではぜんぜん解けないぜ。

(4) 問題文の中の、2回目の倍数関係

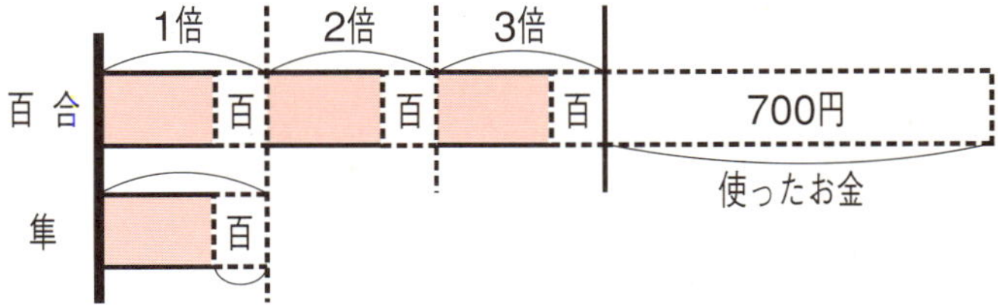

この図は、要するに［百合ちゃんの所持金が隼君の3倍］になった線分図だね。

エ～ッ　それは要約じゃなくって、問題文

を読んだだけじゃん。

イッヒッヒ〜　ばれたか。でも、なんとなく分かってきたような気がするぜ。

そうだわね。分かった数字といえば、百合ちゃんが使った700円と、隼君のもらった100円の3倍の300円が含まれていることよ。

それじゃさ〜　このままでは解けそうにもないから、金額のハッキリしている部分だけ、右側に集めてみようぜ。

(5) 金額が出ている部分だけ右側に

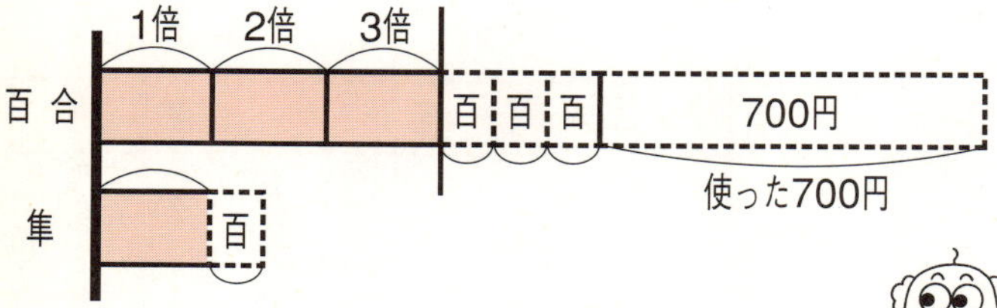

右に集めたって、何〜んにも分からないわ。

アッ！　ちょっと待ってよ。金額の分かってない部分に、なんで倍数が書いてあるの？

いいところに気がついたね。上の線分図に、もう１本の線を付けようか。

(6) 線分図 (2) と (5) のドッキング

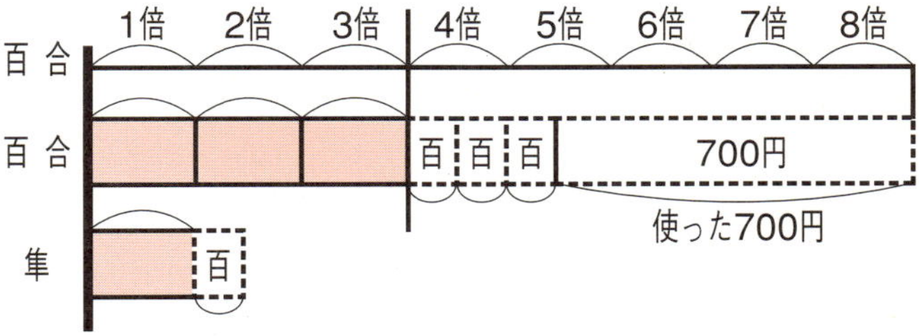

ア〜ッ！　それは (2) の百合ちゃんの線分図を合体させたのね。

そうだね。線分図 (2) と (5) を合体させると、パッと世界が開けた気がしないかな？

するする！　図を見たらすぐ分かったぜ！
８倍のうちの３倍を除いた５倍の分の金額が、［700 + 100 × 3］円に相当するんだね。

ア〜ッ！　計算ならまかしといて！
［700 + 100 × 3］ = 1000円←５倍分
1000 ÷ 5 = 200円←１倍分←隼の分

な〜るほど、１倍分が隼君の分だってところが、次のポイントになるんだね。

線分図を見たら、考えなくてもよく分かるわ。隼君が200円なら、百合ちゃんはその８倍だから、<u>1600円</u>になるわね。

(7) 式と解答

隼→［700＋100×3］÷５＝200円
百合→200×８＝1600円
<u>答　隼＝200円　百合＝1600円</u>

練習問題　―２章―

問題１　Ａ君とＢ君の、はじめの所持金の比は、５：３でしたが、２人とも350円ずつ使ったところ、残金の比は９：４になりました。はじめのＡ君の所持金はいくらでしたか。（桐朋中）

解答１

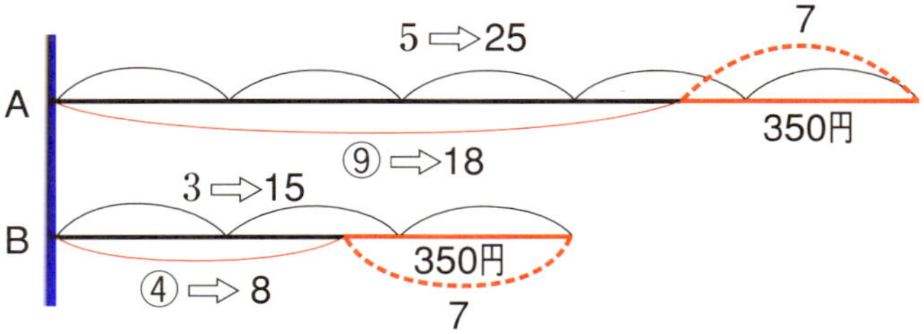

５ − ３ ＝ ２……使用前のＡＢの比の差

⑨−④＝⑤……使用後のＡＢの比の差

※上記の２と⑤はＡ−Ｂの同じ金額を指す。

ここで２と⑤を同じ割合で示すため、２と⑤を掛け合わせる。

（５ ： ３） ×⑤＝ 25 ： 15

（⑨ ：④） × ２ ＝⑱ ：⑧

25 − 18 ＝ 15 − 8 ＝ 7 → 350円に相当

350円 ÷ 7 × 25 ＝ 1250円…… Ａ

答　1250円

問題２　Ａ君とＢ君は兄弟で、年齢が３歳ちがいます。Ａ君とお父さんとの年齢の比は２：７で、Ａ君とお母さんとの年齢の比は１：３で、Ｂ君とお母さんとの年齢の比は１：４です。お父さんの年齢はいくつですか。（早実中学部）

解答2

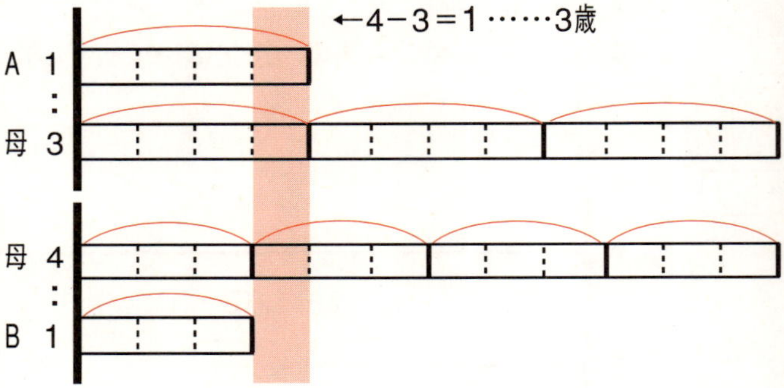

A：母＝1：3＝4：12
B：母＝1：4＝3：12
※4－3＝1←AとBの年齢差3歳に当たる
3歳×4＝12歳←A　12：X＝2：7
X＝12×7÷2　　X＝42歳
答　42歳

問題3　一郎と次郎がきのこ狩りに行きました。一郎、次郎がはじめに採ったきのこの数の比は7：3でした。ところが、家にもどる途中で一郎は7個落としてしまい、次郎は新しく6個見つけたので、採って帰りました。家に着いてから2人の採ったきのこの数を比べてみると、一郎、次郎の比は4：3になりました。一郎がはじめに採った、きのこの数は何個ですか。（関東学院中）

解答3

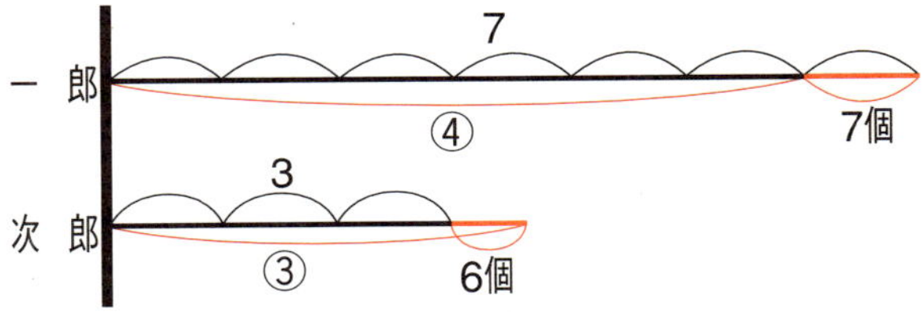

7：3をそれぞれ21にする。

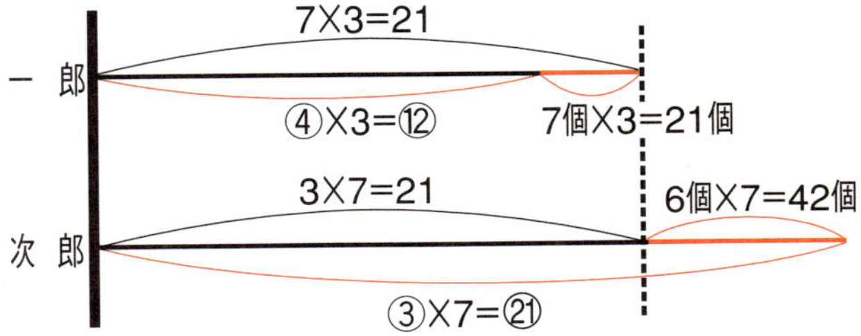

（21＋42）÷（21－12）＝7個←①の数

7個×④＋7個＝35個

答　35個

走行距離を面積図にする

往復の時間差で距離がわかる

幸福村から虹湖まで

問題

幸福村から虹湖まで、自動車で往復しました。行きは時速60キロで走りましたが、予定時間に10分遅れました。帰りは時速90キロで走ったために、予定時間より8分早く着きました。幸福村から虹湖までは何キロありますか。※予定時間は往復とも同じ。

(1) 線分図か面積図か

そんなこと、どこで判断すればいいのかサッパリ分からないよ。

面積というのは、問題文の中の数字が面積を出す式になるかどうかで決まるのさ。

ということは、□×△＝○という形を文中から見つければいいの？

あったぞ！　時速に時間を掛ければ、距離になるじゃん。

そんなこと言ったって［距離］って文字はないわよ。

直接には言っていないけど、［幸福村から虹湖までは何キロありますか］って書いてあるから、それは距離をあらわすんじゃないの？

(2) 面積図は往復で2つできる

①行きはまかしといて～　これでどうかしら。走行距離は時速×時間だわよ。

図① 往路

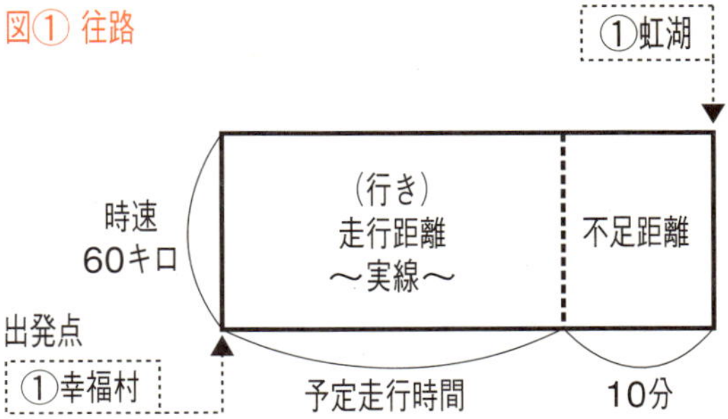

②帰りだって、走行距離は、時速×時間になってるんだぜ。

図② 帰路

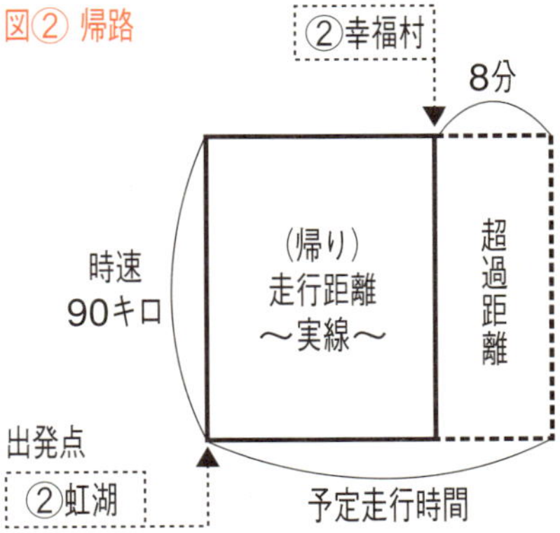

ま〜ッ！　２人とも上手に描けたわね。でも湖の位置が、①の方は四角の角にあるけれど、②の幸福村は四角の角じゃなくって、線の途中にあるんだけれど、どうして？

①の方は、［10分遅れた］んだから、予定時間に10分を加えないと、虹湖に到着しないでしょ。だから点線で四角を作って［あと10分走ったら、虹湖に着くんだよ］ということが分かるようにしたのよ。

よく分かったわ。それじゃ②の方は、どうして実線の途中に、幸福村があるの？

②の帰りは［8分早く到着する］とあるから予定時間を全部走ると、幸福村を8分間の距離だけ行き過ぎるってことになるから、予定時間を①の長さに合わせたら、幸福村を通り過ぎた面積図になっちゃったのさ。

立派だね！　よくそこまで冷静に判断できたもんだね。

でも、ここまでの図では、何にも分からないわ。

(3) 往復の面積図を重ね合わせよう

ワ〜ッ！　正確かも知れないけれど、かえって分からない図になっちゃったな〜

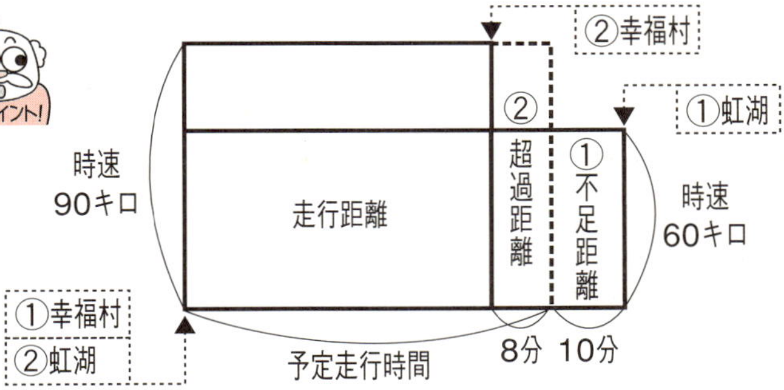

(4) 出発点から目的地までの、往復の2個の長方形を比べよう

①幸福村～虹湖［行き＝横の長方形＝赤色］

赤色の長方形の面積が、幸福村までの走行距離なのよ。

予定時間に10分加えたときの面積だわ。

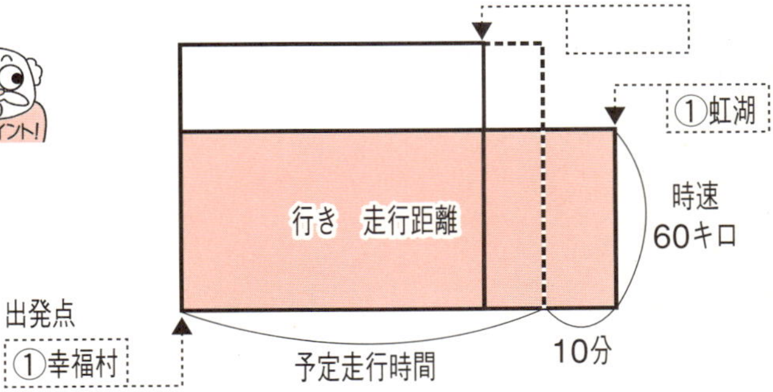

②虹湖～幸福村［帰り＝縦の長方形＝赤色］

帰りの距離は縦の長方形（赤色）の面積で表わされているんだね。

でもさ、同じ場所を行き来するんだから走行距離は①も②も同じなんじゃないの。

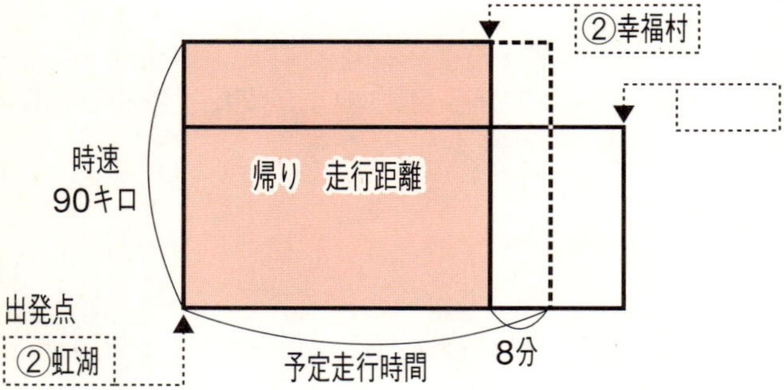

いいこと言うね！　その同じはずの走行距離（面積）が、異なる長方形で表わされているから面白いんだね。

先生は面白いかもしれないけれど、私たちはどうしたらいいのか、サッパリ分からないわ。

(5) 往復の面積図（赤色付）を重ね合わせる

合体したら、文字や数字が多過ぎて、またまた分かりにくいぜ。

ここでは、２個の長方形を重ねたら共通部分があるということを、分かってもらえばいいと思うよ。

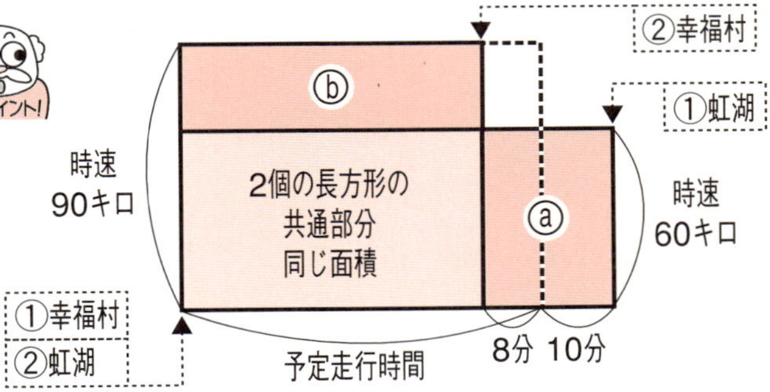

どうして、共通部分が分かれば問題が解けるの？

(6) ２個の、同一面積の長方形から、同じ面積をそれぞれ差し引いたら、［ⓐとⓑ］はどんな関係？

算数って式作りや計算ばっかりするものだ

と思っていたけれど、［ⓐ＝ⓑ］のようなことを考えると分かるようになるのね。

そうだね。でも、聞いてみれば誰にでも分かることだと思うけど。

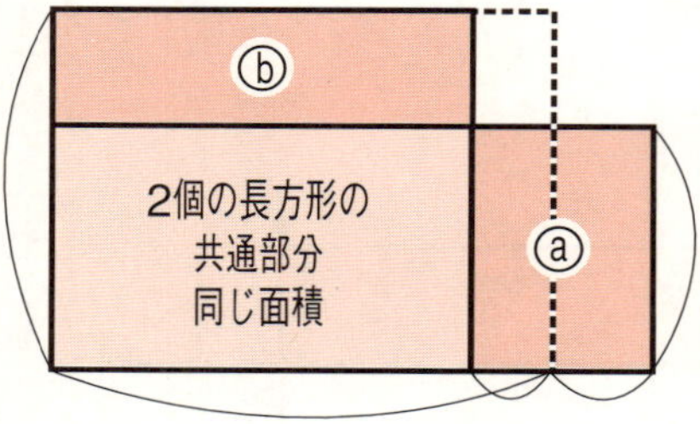

言われてみるとその通りで、(6)の見出しも簡単だわ。２個の同じ面積から引いたら、残りも同じ面積になって当然だわ。だからⓐとⓑの関係は［ⓐ＝ⓑ］になるわね。

考え方は簡単だけど、思いつくことが、たいへんだわ。

線分図や面積図に慣れれば、自然に思いつくようになるもんさ。

［ⓐ＝ⓑ］は分かったんだけど、そのことにどういう意味があるの？

ここで、(5)の図を見て欲しいんだけど、面積図の中で、本当に面積が計算できるのは、ただ1カ所［ⓐ］だけでしょ。

あら、ほんとだわ。全〜ん然、気がつかなかったわ。さっそく計算しましょうよ。

(7)　ⓐとⓑの面積は？

でもさ、速さは時速で走行時間は［分］だから、すぐ掛け算をすることはできないぜ。

そんなら、すぐ計算して［分］を時間に直そうぜ。まず、8分って何時間なのかから始めようか。

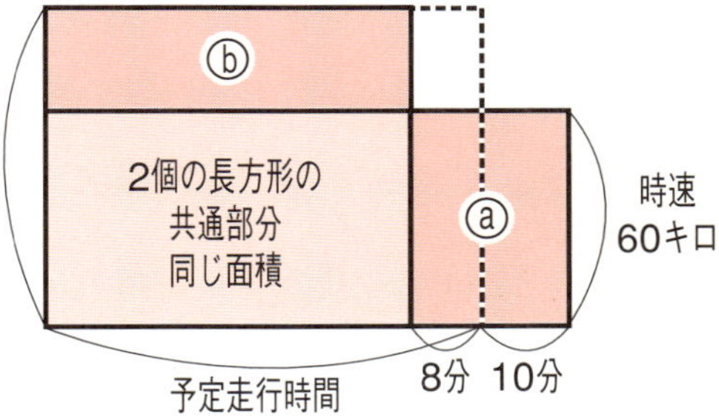

エ〜ッ　何で8分と10分とを区別するの？

いや～　特別な理由はないけれど……

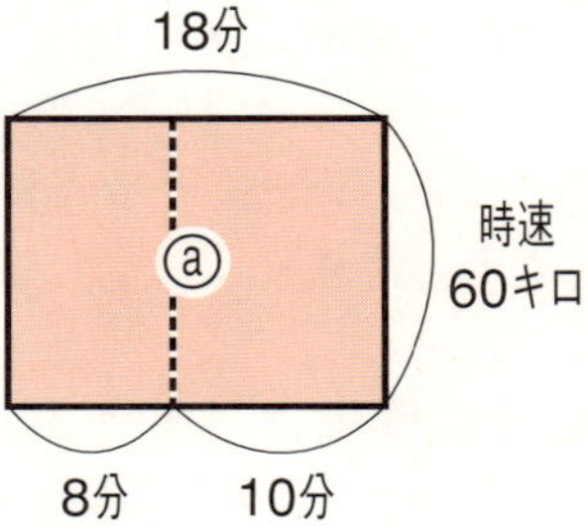

長方形の面積なら［縦×横］だから、先に8分と10分との和を出した方がいいんじゃないの～

それじゃ～（8分＋10分）÷60分＝というのが、［分］を［時間］に直す式だから、ついでに計算してしまうと……
18分÷60分＝0.3時間

ヤ～ッ！　できたね、これで長方形［ⓐ］の面積が出せるね。

まかして～チョウライ！
［ⓐ］→0.3時間×60キロ／時＝18キロ
これでどうかな～

ここへ来て、なんだかトントンと解け始め

たようだね。それに［ⓐ＝ⓑ］なんだから、同時に［ⓑ＝18キロ］ということも分かったわけだね。

アッそうか～　そうなんだ！［ⓐとⓑ］の面積（走行距離）が一挙に分かったんだね。

（8）ⓑの面積から、共通部分の横径を求める

ⓑが分かったら次はどうするの？

ⓑで分かっているのは、面積と縦径の時速30キロだから、共通部分の横径はすぐ出せるよね。

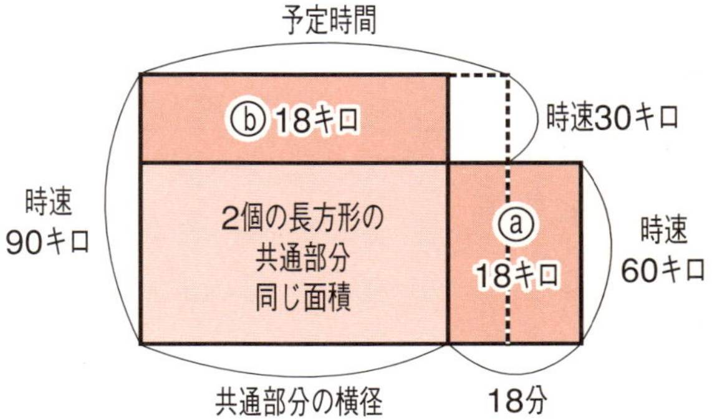

図ⓑの縦径は［90－60］＝30キロだからすぐ分かるけど、横径はいちおう式と計算

がいるんでしょ？

そうさ、でも横径はすぐ出せるだろう。

うん、これでどうかな～
18キロ÷30㌔／時＝0.6時間

(9) 幸福村から虹湖までの走行距離は

さすが〈計算の健ちゃん〉だね。そこで次は、幸福村から虹湖までの距離が出せればいいのさ。

ウッシッシッシ！　縦径が［90㌔／時］で、横径は［0.6時間］だから、その面積（走行距離）はこうなるね。
90×0.6＝54キロ
答　幸福村から虹湖までの距離は54キロ

(10) 式と解答

（8分＋10分）÷60分＝0.3時間
ⓐ→0.3時間×60㌔／時＝18キロ
18キロ÷（90㌔－60㌔）／時＝0.6時間
90㌔／時×0.6時間＝54キロ
答　54キロ

（11） 別解

①10分は何時間か

10分÷60分＝$\frac{1}{6}$時間

②8分は何時間か

8分÷60分＝$\frac{2}{15}$時間

③［行き］の10分間に進む距離（面積）

60キロ／時×$\frac{1}{6}$＝10キロ

④［帰り］の8分間に進む距離（面積）

90キロ／時×$\frac{2}{15}$＝12キロ

⑤予定走行時間を求める。

（10＋12）÷（90－60）＝22÷30＝$\frac{22}{30}$

$\frac{22}{30}$×60＝44分←予定時間

⑥幸福村から虹湖までの距離（往路で計算）

走行時間→44＋10＝54分→0.9時間

距離→0.9×60キロ／時＝54キロ

答　54キロ

蔵からお米を200俵ずつ

線分図では左から出庫

問題

米蔵1号には3000俵、米蔵2号には2100俵のお米が入っています。この両方の米蔵から、毎日それぞれ200俵ずつのお米を出荷しました。

1号の米俵の数が、2号の米俵数の4倍になるのは、何日後のことでしょうか。

いったい、今は何倍なの？

3000俵÷2100俵だから$\frac{10}{7}$で、２倍近くになってるよ。

フ〜ン　２倍が４倍にもなるのか〜　どうしてそうなるのかな〜

１号と２号の米俵の数が、差一定の関係になってるからだよ。

その［差一定］というのが、どういうことなのか、よく分からないんだけど……

(1)　差一定の線分図

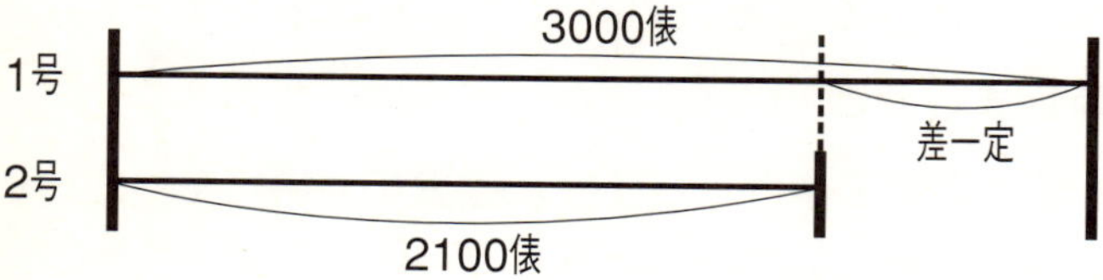

あら、これが差一定の図なのね。よく分かるわ。

僕にだって分かるぜ。計算なら塾で鍛えた僕にまかしといて〜。

3000俵－2100俵＝900俵←差一定

両方の米蔵から出す数が、毎日同じだから、［差一定］になって当然だわね。

でもさ～　毎日200俵ずつ運び出しているけど、線分図のどこから減らすの？

線分図の右側からでも、左側からでもいいんだが、とにかく両方とも左右のどちらかに揃えればいいのさ。

右側の線は長さが違うから、左の方から減らして……

(2) 運び出す米俵は左から減らす方が分かりやすい

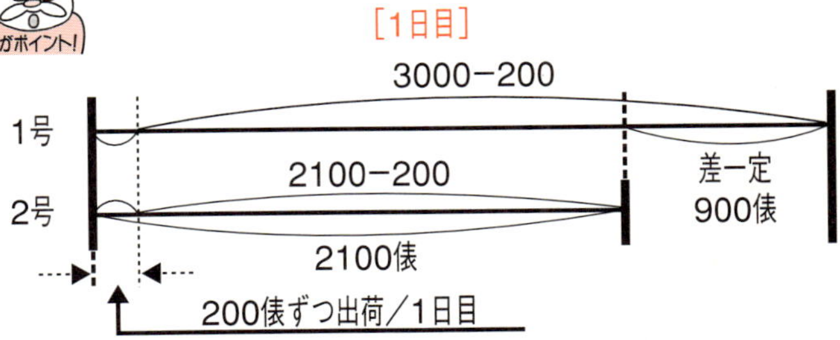

［2日目］

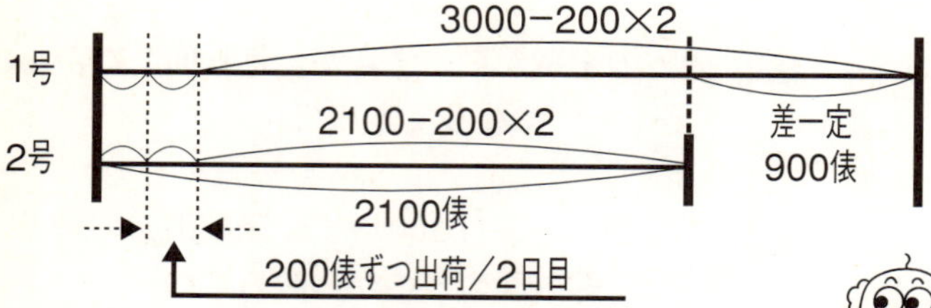

ホ～ント　よく分かるわね～　もう全部、解けたような気分だわ～

でもさ～　このまま続けて、図だけで解こうってつもりじゃ～ないだろうね。

ウッフフフフ　その方が楽なんだけど……ほんとにそうしちゃおうかしら。

ウフフフ　そういう解き方もあるんだけれど、今は答が目的じゃなくって、解き方を学ぶことが目的なんだから、式を作ってみようか。

(3) 4倍になったときの線分図

①概略線分図

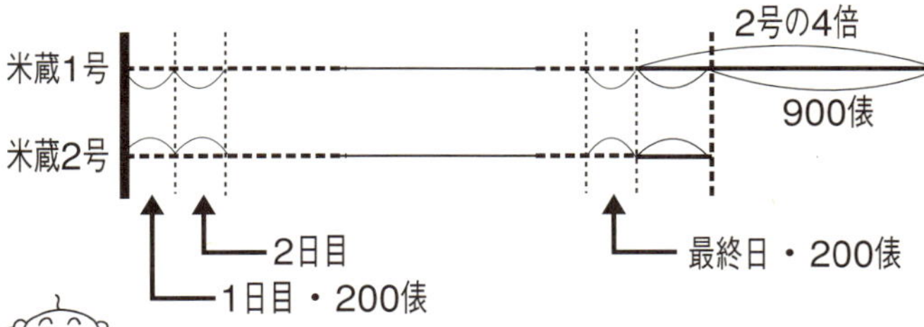

米蔵２号の最終日に200俵を出荷した後、まだお米が残ってるじゃん。

あったり前さ。２号にお米がなくなったら、３倍や４倍なんてお話ができるわけがないでしょ。

あっそうか～　でもさ～　この図だけで、ほんとに解けるの？

だいたいは分かったけど、この図にもう少し手を加えたら、分かってもらえるかもね。

へ～ッ！　大きく出たね～　もし、それが本当なら、手を加えて見せてよ。

②推理的線分図

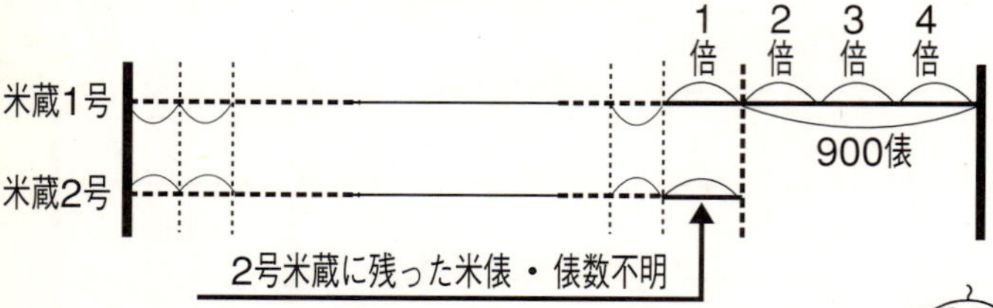

1号が4倍になるってことだから、こういう線分図になるんだわ。

2号米蔵に残った俵数は分からないけれど、1号にはその4倍の俵があるんだから、線分図はこれでいいんだぜ。

へ〜ッ！　たいしたもんだね。でも、計算は僕がやるんだぜ。

900俵÷（4－1）＝300俵

ということは、1号の［1倍］の部分も［300俵］ってことになるんだから［2号米蔵に残った米］も300俵なのさ。

ちょっと待ってよ。ここで終わりじゃないわよ。まだ答は出ていないのよ。

あら、そうだったわね。その最終日は何日後かっていうのが、問題だったわね。

(4) 最終日は何日後

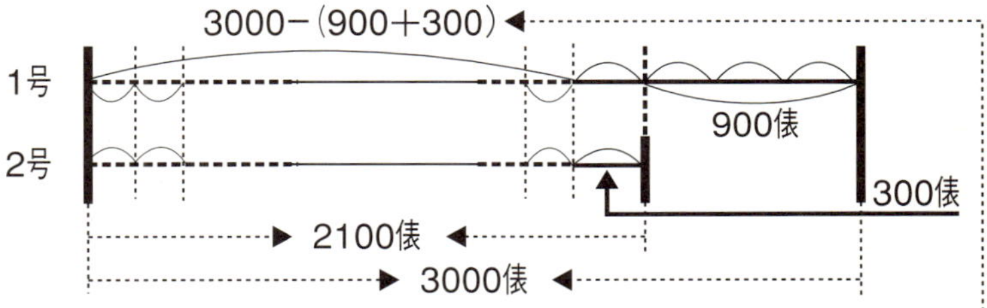

次に知りたかったのは、この部分だね。

そうだわね。その部分が、１号の米蔵から出荷した分の全部だから、ここが分かれば、答は分かったも同然だわ。

分かったぞ！　毎日 200 俵ずつだから、その 200 俵が何回あるかを出せばいいんだ。

(5) 式と解答

900 俵 ÷ （４ − １） ＝ 300 俵
3000 − （900 ＋ 300） ＝ 1800 俵
1800 俵 ÷ 200 俵 ＝ ９ 日
答　９日後

［別解］ 900 ÷ （４ − １） ＝ 300 俵
（2100 − 300） ÷ 200 ＝ 9　　答　９日後

＋《プラス》と－《マイナス》を間違えたらどうなる

超和差算

問題

A子さんの持っているリボンAと、B子さんの持っているリボンBがあります。

①このリボンAとリボンBとの長さを調べるために［Aセンチ＋Bセンチ］という式を作りました。

②ところが、2人は間違えてしまい、これを［Aセンチ－Bセンチ］で計算してしまいました。

すると、［A－B＝8センチ］という答になりました。

③この答は［A＋B］で求められる正しい答

とは、50センチの差がありました。

★リボンAとリボンBの長さは、それぞれ何センチですか。

やだナ～　わざわざ問題をややこしくさせてるみたいで、意地悪な問題だわ。

いや～［＋］と［－］を間違えるってよくあるミスだから、意地悪じゃないよ。

それじゃ、お兄ちゃん解けるの？

僕だって、やってみなきゃ分からないよ。ただ、解き方の入口になるかどうかと思ってるんだけど、次の図が……

(1) 式の間違いを活かす

［A－B＝8］は差の式だ

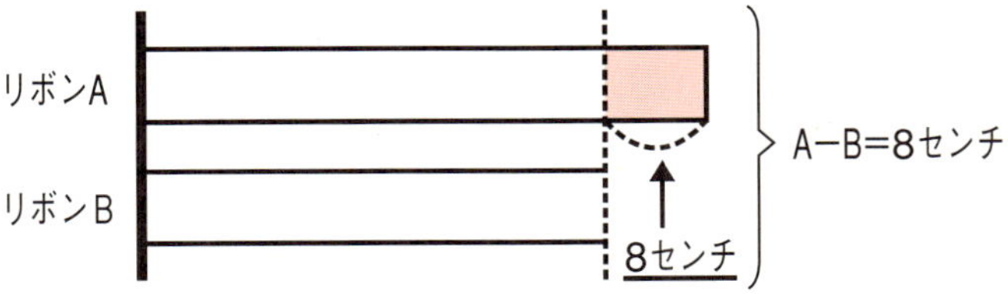

アッそうか～　問題文の通りの［A－B＝8］という、差を求める式を活かして図にしたってわけね。

ワ～ッ！　おもしろいナ～　問題文の中にヒントがいっぱいあるんだね。こんどは和をどうやって求めればいいのかね。

(2)［A＋B］は求めなくていい

いつもなら、差の次は和を求めるんだわね。でも、上の見出しが気にいらないわね。

そう！　もっと簡単で、ジェット機みたいに早い方法があるんだよ。

ウッソ～　和差算よりも早く解けるの～

それじゃ〜 きっと考え方が難しいんでしょ。

と〜んでもない！　さっきから何回も話されているように、問題文の中にヒントがある。ほら、図をまた使って考えてみようか。

問題文③の「［A＋B＝］の正しい答は、間違いの答の［8センチ］より、50センチ大きい」と書いてあるでしょ。

それを図にしたら、こうなるのね。

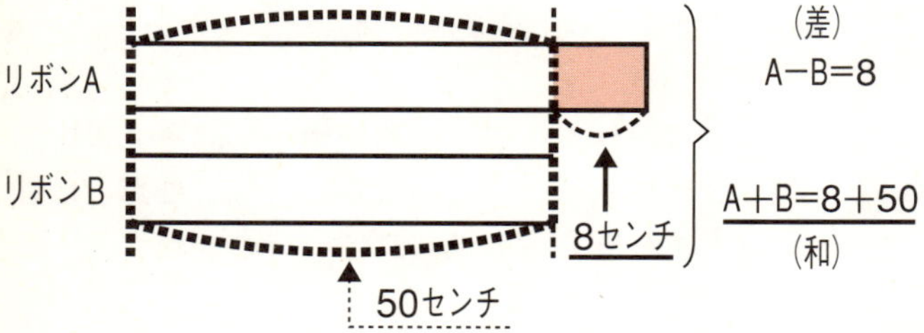

(2)の見出しでは、［A＋B＝］は求めなくてもいい、と書いてあるのに、どうして上の図で［A＋B＝8＋50］と書いたの？

それはね、問題文③を式にしたら自然にそうなる、って言いたかったのさ。

フ〜ン　自然にね〜

いやいや、考え方としては重要な意味があって、［A＋B＝8＋50］だから、図のように右辺から［8］を引けば［B＋B＝50］になるから、図に描いてあるように、太い点線の枠内は50センチになるのさ。

ハハ〜ン　それは問題③を読んだときに［B＋B＝50］を思いつけってことなの？

いやいや、そこまで言うつもりはないけど、そのヒラメキが出るようになれば、算数力が向上したってことさ。

それじゃ〜　和の式は出さずに、すぐ［(B＋B)÷2＝25］←←Bの長さという式が出せればいいんだね。

だから「和の式は考えなくていい」という見出しになったのね。

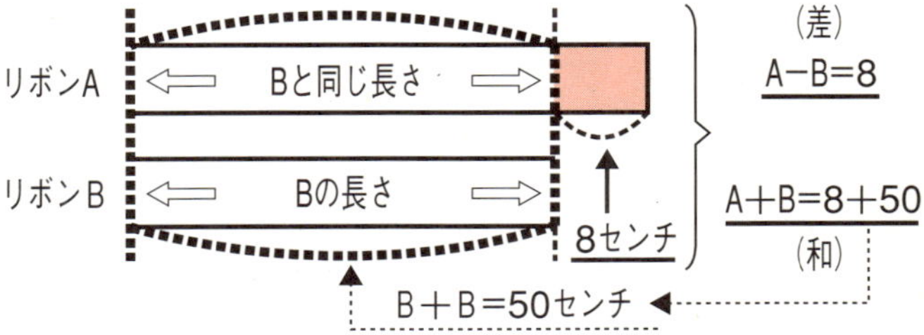

ややっこしいように聞こえるけど、図を見て考えれば、楽しい解き方だわ。

そうすると、Bが25センチだから……
Aは［25＋8＝33センチ］ってことになるんだぜ。

(3) 式と解答

50÷2＝25センチ…B
25＋8＝33センチ…A
答　A＝33センチ　B＝25センチ

値上げで売上げは増えたけど　和や差の問題

増えたのは本数か金額か

エンピツが面積図に

問題

1本100円のエンピツを、今日から1本80円に値下げして、大売出しを始めました。

すると、エンピツの売上本数は昨日より、150本多く売れ、エンピツの売上金額も8000円増えました。

では、今日の売上金額はいくらでしたか。

(1) 単価別の売上金額（面積図）

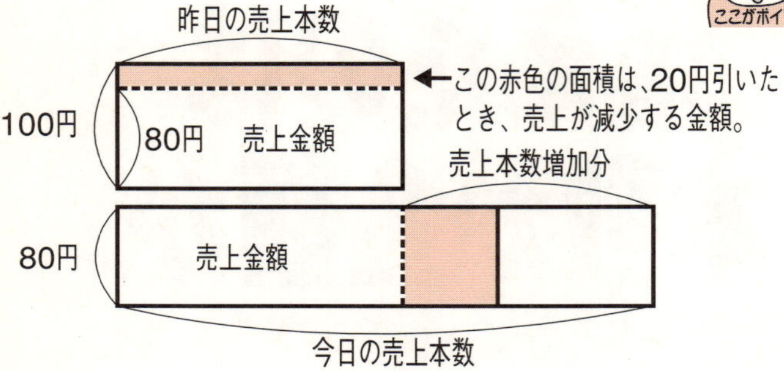

(2) 減った売上金額を本数増で補う

下の図では、 20円引きで減った赤色の売上金額を、売上本数増（赤色の面積も含む）で補っているのだよ。

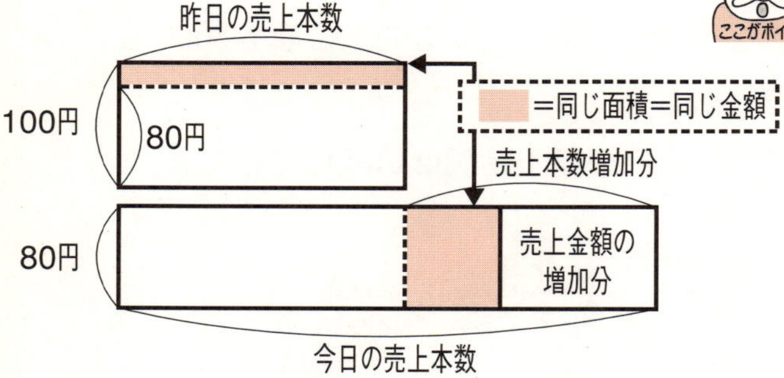

ほんとに分かりやすい面積図だわね。売上

金額が面積になっているなんて、まったく見ただけで分かる。

それに、1本の単価を値引きしたために減るはずの売上金額も、売上本数を増やすことで補うという考え方を、面積で表わせるなんて、感激だわ。

だけどさ～　赤色の部分には［売上金額の増加分］という文字が記入されていないけど、どうしてなの？

下の図の赤色の部分は、エンピツの本数は増えたけど、売上金額は増えていない、という範囲なの。

へ～ッ！　細かく分けているんだな～

(3) 単価別の売上金額比較

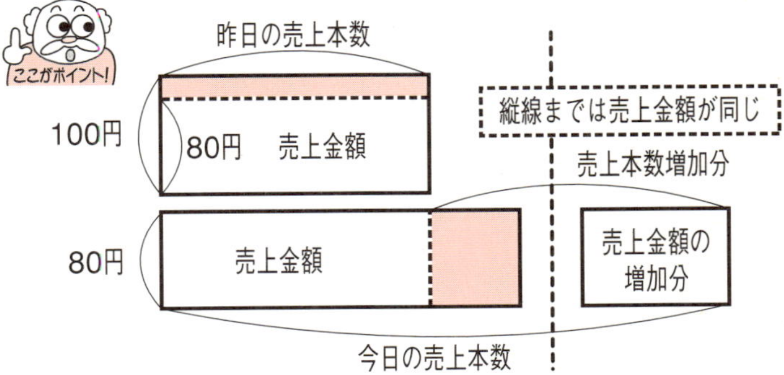

ワ〜ッ！　なんで80円の方を、縦線で分断しちゃったの？

そこまでは、売上金額（面積）が同じだってことを強調したかったのだよ。
それに縦線の右側だけが、［売上本数も増え・売上金額も増えた］面積なんだってことも、この図から読みとってほしいのさ。

うん、よく分かったわ。でも、問題はまだ全然解けていないわ。

いやいや、その通りだね。つい、面積図の説明に熱が入ってしまったようだね。

でもそのおかげで、どういう考え方で解けばいいのかが、よ〜く分かったわ。

(4)　2個の売上図（面積図）を重ね合わせる

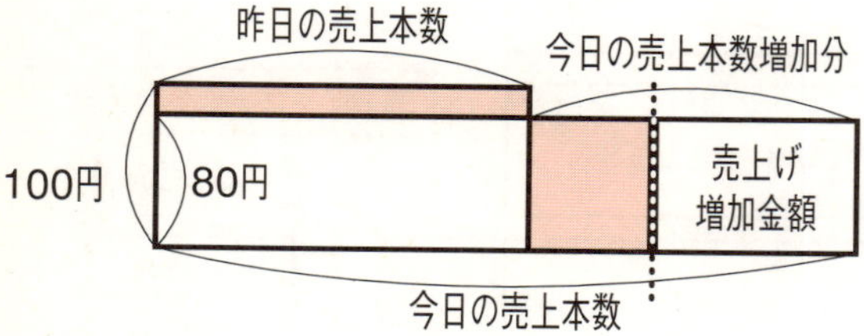

サ〜サ〜サ〜　先生！　どこから解いていくの？

そうだね〜　問題文の中の数字で、まだ線分図に記入されていない数字といえば、
①今日の売上本数は昨日より150本増えたことと……

アッ！　もう１つは僕に言わせて……
②今日の売上金額が8000円増加したって書いてあるよ。

ようし、それを図に入れてみよう。

(5) 本数や金額を記入しよう

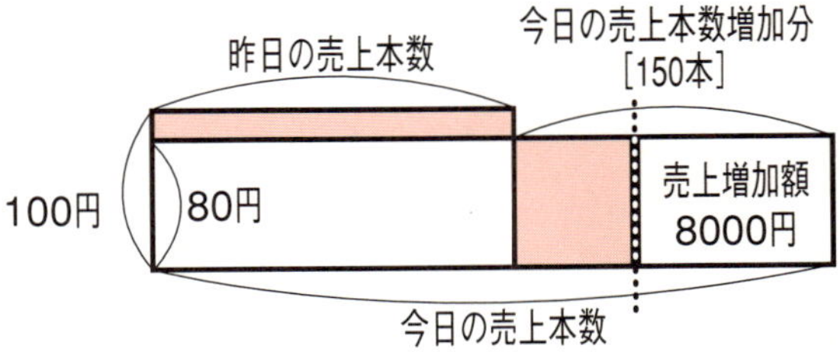

(6) 縦点線から右側を考えよう

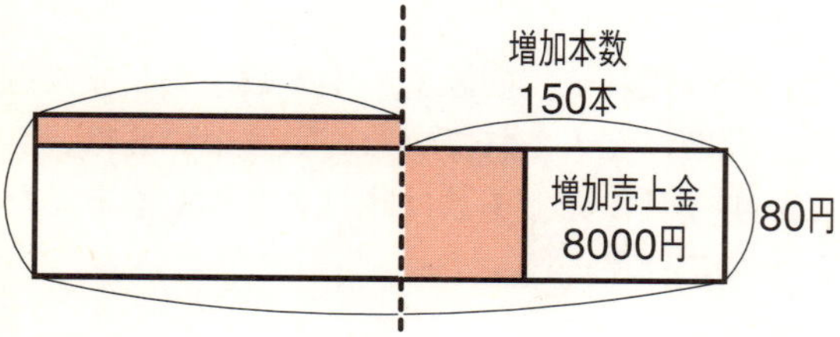

赤色の面積は、本数は増えているのに、どうして［増加売上金・8000円］の中に入っていないの？

最初から説明しているように、縦の点線から右の赤色の部分は、［本数は増えているけれど、売上金額は増えていない］ところだから。

そうだったね。でも、それじゃ〜解けないじゃん。

そうかな〜？　面積は［縦×横］だから、簡単でしょ。

分かったぜ。僕だって計算できるぜ。
80円×150本＝12000円

いいけど、赤色の面積はどうなるの？

簡単だぜ。これが赤色の面積（金額）じゃないかな～

12000円－8000円＝4000円

すごいね。これで第１段階終了だね。

（7）赤色部分の売上金（面積）が分かったら今日の売上金を求めよう

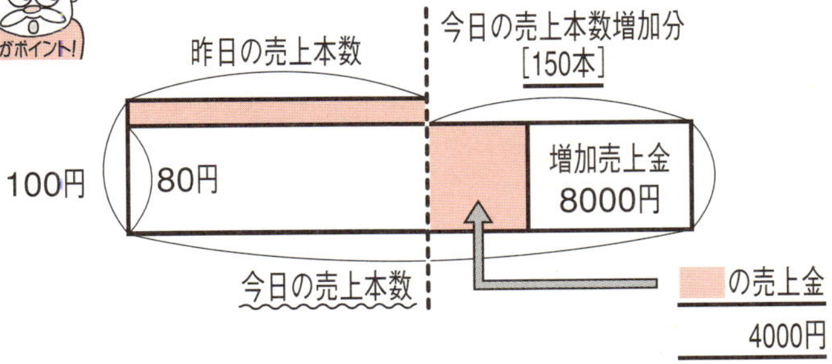

ここまでは上図のように解けたんだけど、［今日の売上本数］の全部はどう解いたらいいのか、まだ分からないんだけど。

縦の点線の右側と、左側とのつながりを発見すればいいんだよ。

(8) 赤色の面積を考える

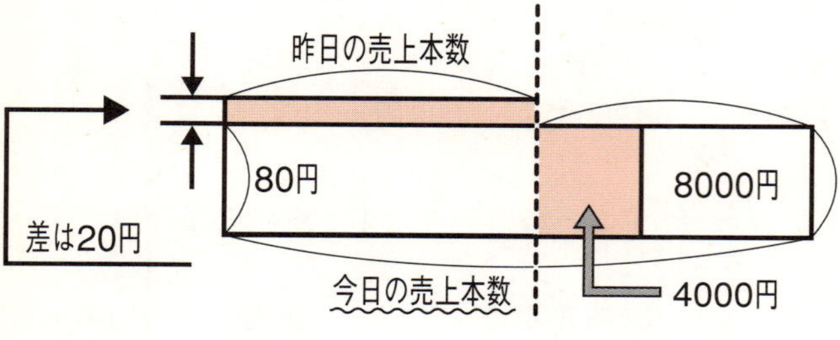

さっきは縦線の右ばっかり考えたのに、こんどは左も考えるんだなんて、忙しいな～

縦線の右の赤色の面積は、左の赤色の面積と同じなんだから、こうなるでしょ。

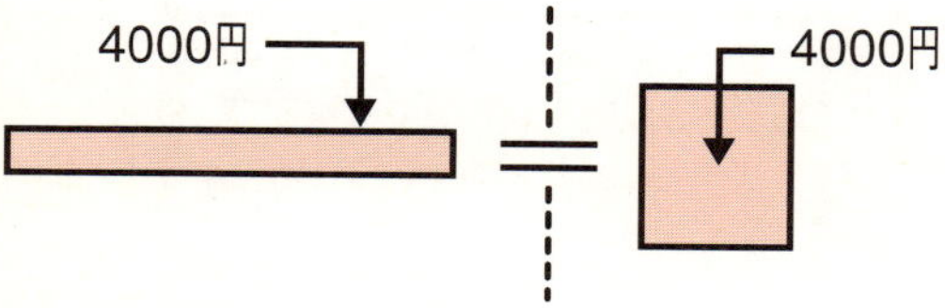

そうだわね。さっきそう言っていたんだけど、実際の話になると、すぐには思いつかなかったわ。

でもさ～　赤色が4000円だからといって、何が分かるの？

(9) 左の赤色だけを拡大してみよう

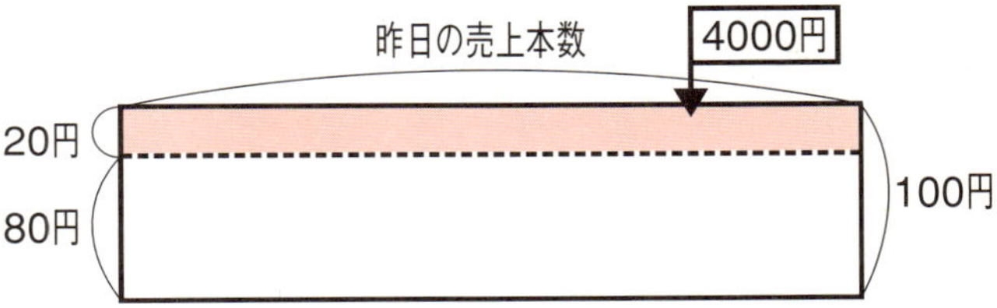

ずいぶん大きくしちゃったわね。でも、これぐらいしないと、赤色の部分は説明されても分からないわね。

赤色の部分の売上金額（面積）が4000円というのがヒントです。

ア～ッ　分かったぞ～　面積という以上は［縦×横］なんだから、赤色部分はこうなるんでしょ。

［(100－80)×□＝4000］
　縦　　　　　横　面積

こういうときはさ～　計算はこうするといいんだよね、先生。

［4000円÷20円＝200本］←きのうの売上本数

(10) 昨日の売上本数が絵でも分かる

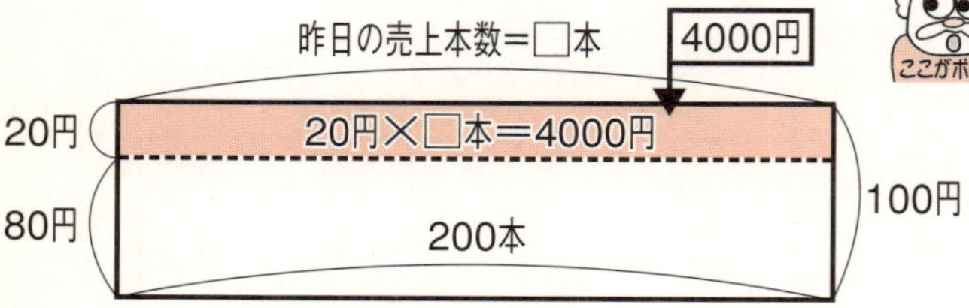

そうそう、ようやくこれで昨日の売上本数が出たわけだね。ここまでの感想はどうかな。

僕には、とうてい理解できないと思った問題だったけど、計算や式はとっても楽だったから、よく理解できたよ。

そうね、難しい考え方をするのかと思ったけれど、私にも分かったわ。

でも、問題はまだ続いているんだよ。

あら、そうだったわね。求めるのは今日の売上金額だったわね。

(11) 今日の売上金額は

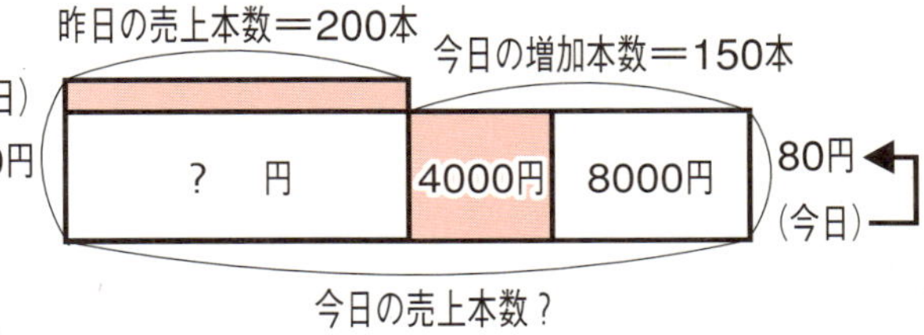

大丈夫だって！　この面積図さえあれば、私にだって解けるわよ。

①まず、今日の売上本数はこうでしょ。

200本＋150本＝350本

いいところに目を着けたね。それからどうする？

②1本100円だから？？？エッ違う？
アッそうだったわ。今日は1本80円で売ったんだから、こうだわね。

80円×350本＝28000円

答　28000円

(12) 式と解答

（80×150）－8000＝4000円

4000÷（100－80）＋150＝350本

80×350＝28000円

答　28000円

1本ずつの対にしたら

あとは和差算

問題

大輔君は黒鉛筆を10本、あゆみちゃんは赤鉛筆を10本買いました。代金は、2人合わせて2000円でした。しかし、あゆみちゃんは所持金が足らなかったので、赤鉛筆を2本だけ、安い黒鉛筆と取り替えました。すると、2人の支払代金は合計1960円となりました。黒鉛筆と赤鉛筆は、それぞれ1本何円なのでしょうか。

そんなことを急に聞かれたって分かるわけないよ～

そうよ！　１人の代金だって教えてくれないんだから～

ポイント①　[1《ひと》組の和]

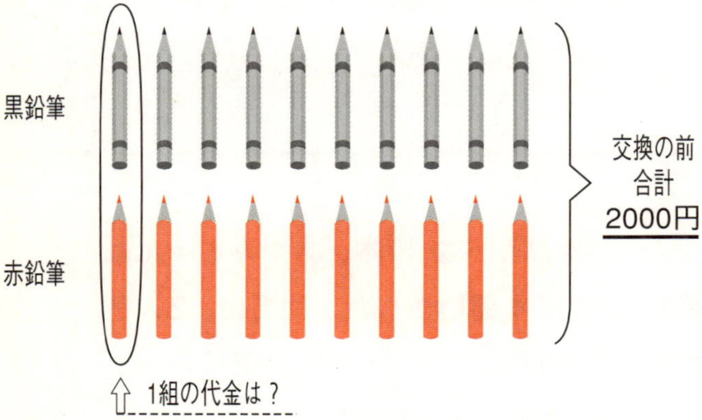

でもね、２人ともちょうど10本ずつなんだから、黒と赤１本ずつ合計２本の値段だったら、すぐ分かるはずでしょ。

10本ずつだから、10組になるわね。そうすると［2000 ÷ 10 ＝ 200］だから、１組（２本）は200円ってことになるわ。

さっすが〜　これで２種類の鉛筆の１本ずつ（１組）の和が分かったから、次は差が分かればいいのさ。

そんな簡単に言わないでよ〜　差って、どうやって求めるのさ。

ポイント②　［１組の差］

そりゃ〜　簡単だわよ。さっきあゆみちゃんが、赤鉛筆２本を黒鉛筆２本と交換したら、1960円になったでしょ。

な〜るほど！　差は40円だぜ！　これは暗算でも簡単だね。
2000円－1960円＝40円

そんなこと言うけど、２本交換したから40円の差ができたんで、１組の和とは比べられないわよ。

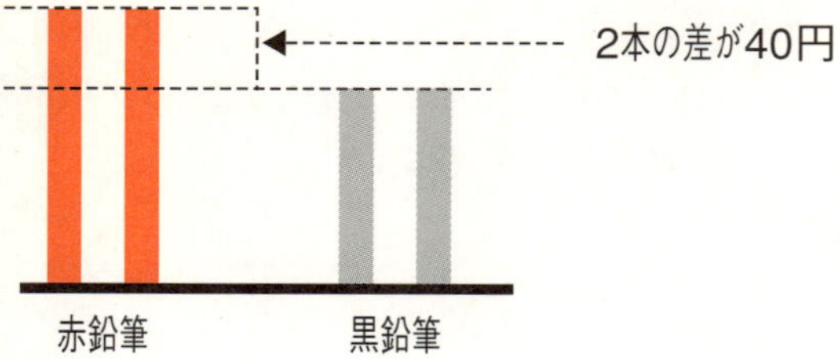

それでは、上のような図を考えてみたらどうかな～

最初っから描いてくれれば、すぐ分かったのに～　２本ずつの差が40円だったら、１組の差は20円だぜ。
（2000円－1960円）÷２本＝20円

ポイント③　［和と差から値段を求める］

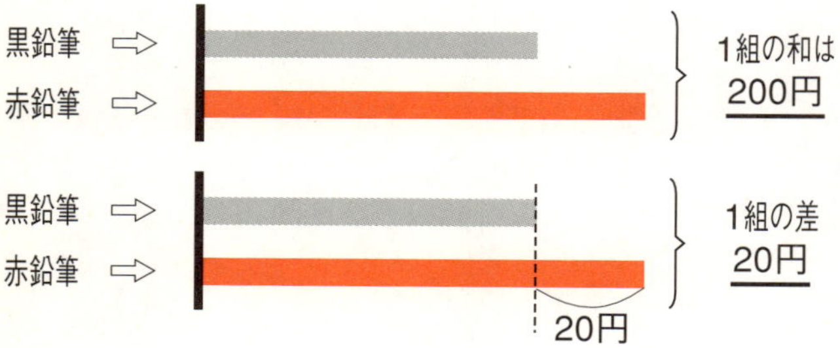

そんなこと言われたって、これからどうすりゃいいのか分からないわ。

エ～ッと　和の200円から、差の20円を引けば、黒鉛筆と赤鉛筆の値段が同じになるんだな～

エ～ッ？　お兄ちゃんたち、和差算は得意だって、きのう威張っていたじゃない。

そんなことを言ったって、いつもこういう計算をしながら買うわけじゃないから、算数の勉強はここでやらなきゃしょうがないじゃない。

だから、さっさと計算しましょ。
（200円－20円）÷２＝90円だから、黒鉛筆は90円でしょ。

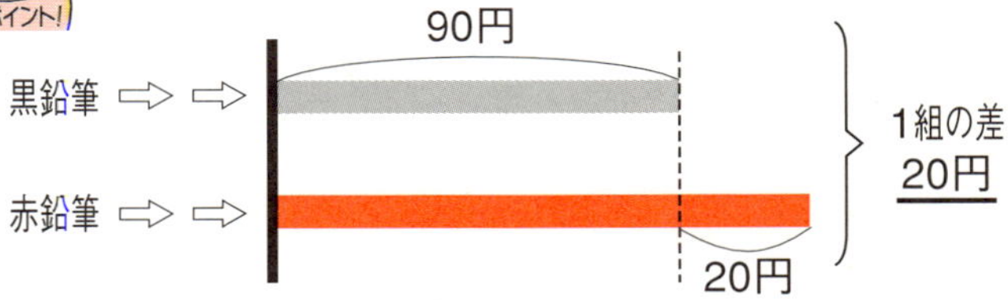

ハハ～ン　図を見ると、間違いなく90円は黒鉛筆の値段だね。

図じゃなくって、どうしてそうなるのかを教えてよ。

それはね、黒鉛筆の方が20円安いし、200円から20円引いたら、黒鉛筆と赤鉛筆が同じ値段になるところまでは、さっきやったでしょ。

だからその180円の半分が1本の値段なんだし、その90円は、図の通り黒鉛筆の値段ということになるじゃない。

ナ～ルホド！　よ～く分かったぜ。でも、まだ赤鉛筆が残ってるよ。

そりゃ簡単なことさ。黒鉛筆より20円高いんだから、足せばいいのよ。

④式と解答

黒鉛筆を求める式→(200 − 20)÷ 2 ＝ 90
赤鉛筆を求める式→(200 + 20)÷ 2 ＝ 110
あるいは→ 90 + 20 ＝ 110
答　黒鉛筆は90円　赤鉛筆は110円

練習問題　―3章―

問題1　イチロー君はA・B・C、3種類の熱帯魚を、合わせて50ぴき買い、19800円払いました。1ぴきの値段は、Aが250円、Bが300円、Cが450円です。また、買ったAの数とBの数の比は3：2です。買った熱帯魚の数を求めなさい。（清泉女学院中）

解答1　☆AとBの1匹当たりの平均

（250×3＋300×2）÷（3＋2）＝270円

☆C

（19800－270×50）÷（450－270）＝35匹

☆A＋B→50－35＝15匹

☆A→$15 \times \frac{3}{3+2}$ ＝9匹

☆B→15－9＝6匹

答　A＝9匹、B＝6匹、C＝35匹

問題2　40円切手と60円切手を、それぞれ何枚か買うつもりで、ちょうどのお金1700円を持って行きましたが、買う枚数を反対にしてしまったので、200円不足しました。最初、60円切手は何枚買うつもりでしたか。（帝京中）

解答 2

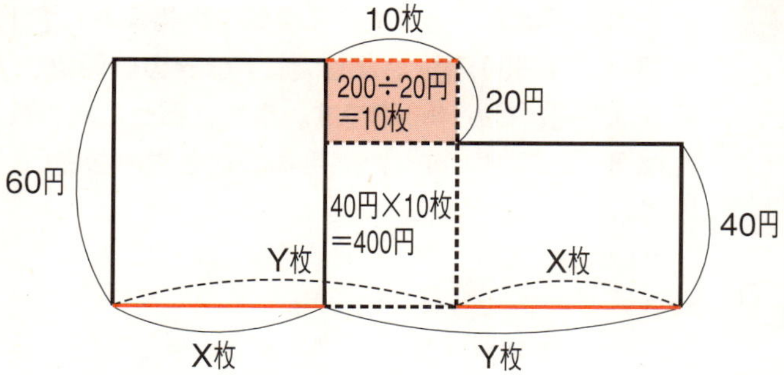

60円－40円＝20円　200円÷20円＝10枚

1700円－40円×10枚＝1300円

1300円÷（60円＋40円）＝13枚

答　13枚

問題 3

山の上小学校の修学旅行で、生徒がホテルに泊まりました。予約したすべての部屋を9人部屋にすると、ちょうど4部屋あまりました。そこで、7人部屋と9人部屋を作ったところ、ちょうど予約した部屋の $\frac{2}{3}$ が7人部屋になりました。生徒の人数は何人ですか。 ただし、それぞれの部屋には必ず、定員ずつ生徒が入ります。（カリタス女子中）

解答 3

9×4＝36人……余裕の36人分

36人÷（9－7）＝18部屋……7人部屋

18÷ $\frac{2}{3}$ ＝27部屋……予約した部屋

9×（27－4）＝207人

答　207人

汲めども尽きぬ

4 ニュートン算

湧き出る水を計算しちゃおう

ニュートン算・徹底追求

問題1

常に一定の水が湧き出ている池があります。いま、この池の水を全部汲み出す計画があります。

5台の汲み出しポンプを使うと6分、4台のポンプを使うと12分かかります。

では、この池の水を3分間で全部汲み出すには、何台のポンプが必要ですか。

※1：湧水量は常に一定。

※2：ポンプ1台が1分間に汲み出す量は、すべて[1仕事量]とします。

言っていることは、世間によくあることだから、分かるんだけど……

そうね～　できごと自体は簡単なことだけど、これを式にしようなんて、私にとっては奇跡に挑戦するみたいなお話だわ。

軽い　かる～い！　先生の［絵ん分図］さえあれば。

人にばっかり頼らないで、自分で図を描いてみないと、算数力が身に着かないわよ。

エ～ッ？　そんな～！　ひとりじゃ、無理だわよ～　お母さんだって、さっき［奇跡への挑戦］とか言ってたじゃない。

そうだわね。それじゃ～　みんなで図に挑戦してみましょ。

(1) 概略図

だいたいでいいから、説明する図を描いてみたらどうかな。

だいたいでいいなら、これでどうお。僕だって、絵ん分図が描けるんだぜ。エッヘン！

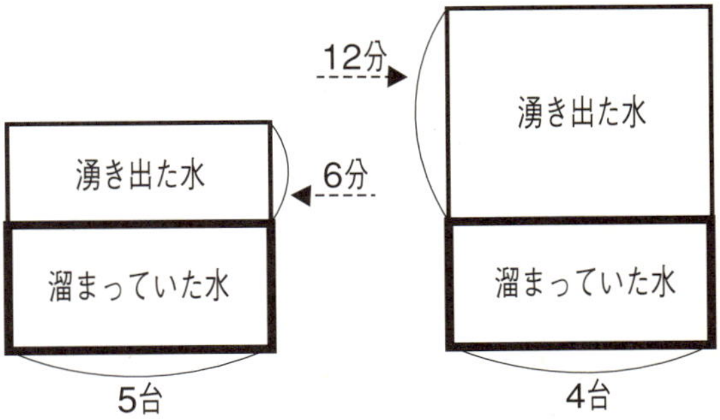

たいしたもんだね。これで、これから何を描き、どう考えていけばいいかが、分かるな～　この図を正確なものに育てていけばいいんだね。

ウッシッシ～　僕って、もしかして天才？

なに気取っているんだよ！　これからどうするのさ。

お任せ　おまかせ～　あとはみんなでどうぞ～

(2) まず湧水量から始めよう

まず最初は、湧き出る水と時間とポンプの台数の関係に、着目したらどうかな。

それじゃ、湧き出る水を中心に描いてみようぜ。

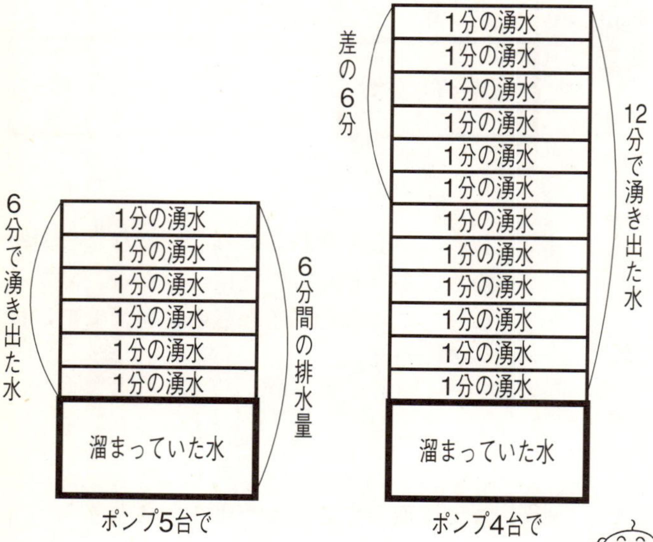

分かりやすい図になってきたわ。

そうだね。ここで問題解決のポイントになりそうなのは、両者の差の６分で、しかも１分ずつに分けたことだね。

なんで、排水量と湧出量とが別の量になっているの？

あったり前でしょ。池には、初めっから溜まっていた水があったんでしょ。だから、池に湧き出た水量と、排水量が違って当然じゃない。

(3) 汲み出し量を単位で考えよう

ここで、問題文の中の［※２］が役に立ちそうだわね。

エッ！　何で　なんで～

１台のポンプが、１分間に汲み出す水の量は、［１仕事量］だって書いてあるでしょう。

でもそれは［汲み出す水量］であって、湧出量ではないんでしょ。

いやいや、両方とも同じ基準で考えないと計算できないから、［排水量］［湧出量］も、同じ基準で計算する方がいいと思うよ。

(4) それぞれの総仕事量とその差は？

基準が決まったら、次はどこから考えるの？

考えることは［排水量］と［湧出量］だけではなくて、ポンプ４台と５台の場合も、同じ基準で比べないと、式も計算もできないっていうことさ。

アッそうだわ。比べるんなら、まず、それぞれの仕事量の全部から始めるべきね。

計算するの？　それなら、僕の仕事だぜ。

☆ 5台の場合 ⇨ 5台 × 6分 ＝ 30仕事量
☆ 4台の場合 ⇨ 4台 × 12分 ＝ 48仕事量

お茶の子さいさい仕上げをご覧じ。さ～どうお。

凄い　すご～い！　その式を図にしたらどうかしら？

こんなもんかな。

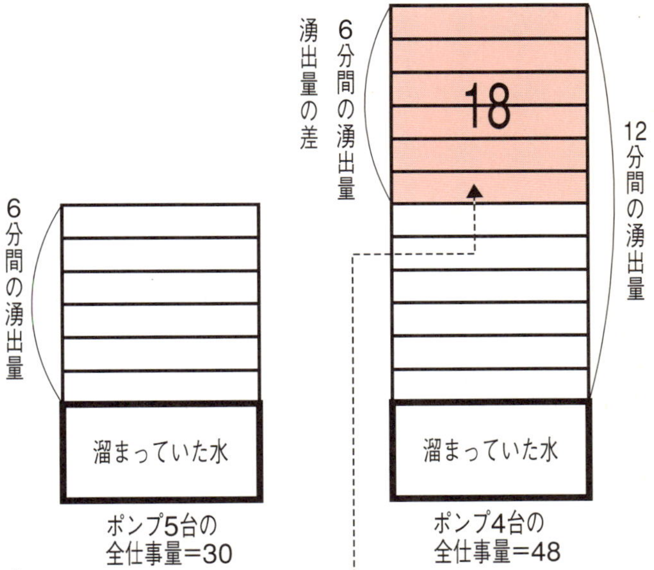

48仕事量−30仕事量=18仕事量

これで何が分かるの？

2人の仕事量の差が6分間の湧出量になるわけさ。その差を求める式が下の式なんだ。

48仕事量 − 30仕事量 ＝ 18仕事量 ⇦ 6分間

(5) 1分間の仕事量は？

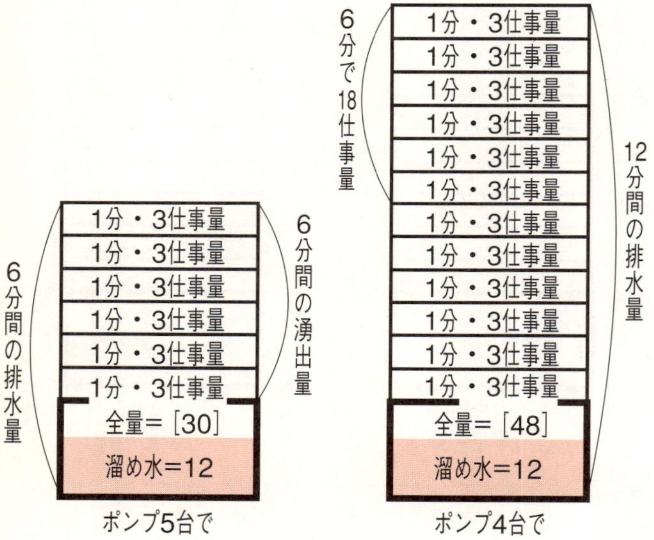

６分間の仕事量が［18］ということは、１個の枠の１分間での仕事量はいくつなの？

これくれいなら、私にだって軽いわよ。

18 ÷ 6 ＝ 3仕事量 ⇦ 1分間

ワ～ッ！　ずいぶん細かいことまで、分かってきたんだね。

(6) 初めから溜まっていた水の量は？

仕事量という基準から湧き出した量が分かったから、あとは溜まっていた水の量だね。

それは、全体の仕事量が分かっているから湧き出した仕事量を引けばいいんでしょ。

そうだそうだ！　やってみようぜ。

☆ ポンプ5台 ⇨ 30 − 3 × 6 ＝ 12仕事量
☆ ポンプ4台 ⇨ 48 − 3 × 12 ＝ 12仕事量

どっちで計算しても、同じ溜水量だわね。

(7) 3分間で汲み出される全仕事量は？

エ〜ッ　そんなこと分かるわけないじゃん。

出題されているんだから、解けるはずでしょ。

初心に戻ればいいんじゃないかしら。

なんだっけ？　初心って……

ほら、図を描くことって言ってたでしょ。

あ～　絵ん分図ね。これでよかったかな。

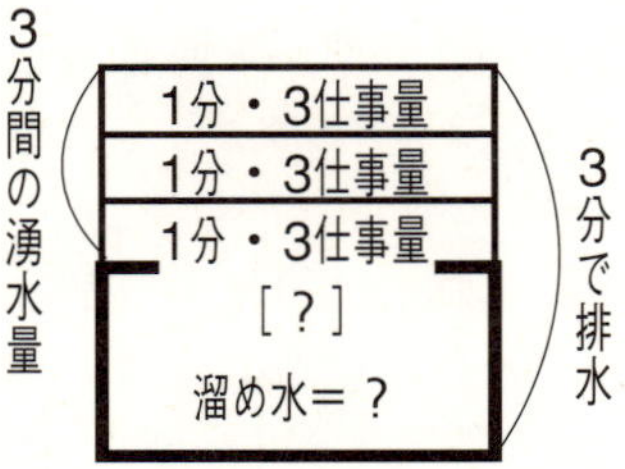

そうそう。３分だから、湧水の仕事量は全部で……

3仕事量 × 3分 ＝ 9仕事量

こうなるぜ。

でも、これだけじゃ解けないわよ。溜まっている水量も、全体の仕事量も分からないんですもの。

ア～ア！　この図には、欠陥があるわよ。

ウッソ～　どこに～？

だって溜まり水は、もう分かっているのに、ここでは［？］になっているわ。

本当だ！　分からないわけさ。すぐ直そうぜ。

そうそう、これでいいわ。溜まっている水はさっきから［12］になっていたわ。

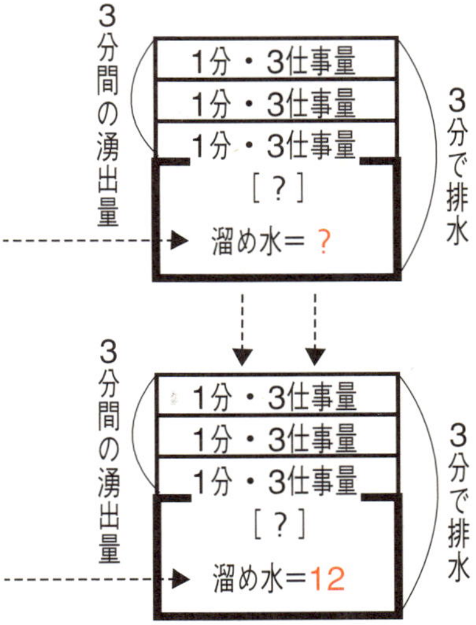

これなら、3分間の全排水量が出せるぜ。

12仕事量＋3仕事量×3分＝21排水量

ヤッタヤッタ～　これが答なの？

いや～　これは3分間でこなす全排水量だから、これでようやく式が作れるようになったわけさ。

(8) 3分で排水するには何台必要か

上の図では、面積図としては分かりにくい面があるから、下の図に描きかえてみたんだけれど、どうかな。

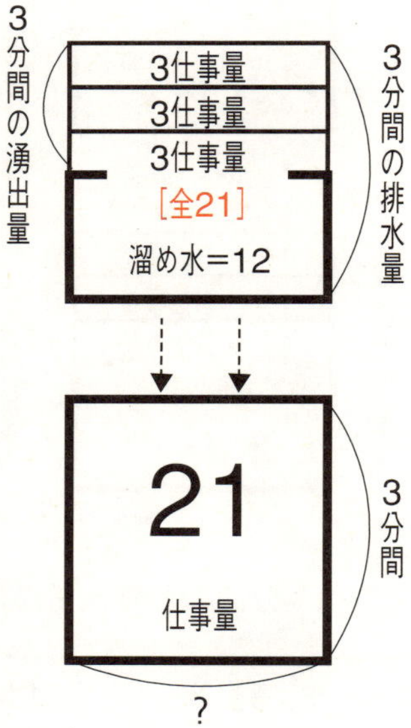

うん、下の図ならすぐ式が作れるよ。

21仕事量 ÷ 3分 ＝ 7台

ヤッター　ポンプの台数が出たわよ。すごい　すごい！

でもね、どうして21を3で割ったら答になるのか、いま一つ飲み込めないわ。

それは、逆を考えればすぐ解ける疑問だね。仕事量や湧水量などを決めるときに、

ポンプの台数 × 排水時間 ＝ 仕事量
具体例 … 4台 × 12分 ＝ 48仕事量

という考え方で、基準を作ってきたのだから、今回の問題のように、ポンプの台数を求めるときは、さっきのような割り算でいいわけさ。

本当によく分かったわ。もう疑問はないわ。

(9) 式と解答

12分－6分＝6分……排水仕事量の差
＝（湧出量の差）

ポンプ4台の排水仕事量
4台×12分＝48排水仕事量

ポンプ5台の排水仕事量

5台×6分＝30排水仕事量

両者の差

48排水仕事量－30排水仕事量＝18排水仕事量

1分間の仕事量

18仕事量÷6分＝3仕事量／分

溜水量

ポンプ4台の場合

48仕事量－3仕事量×12分＝12仕事量

ポンプ5台の場合

30仕事量－3仕事量×6分＝12仕事量

3分間の湧水量

3仕事量×3分＝9湧水仕事量

3分間の湧水量＋溜水量（全排水量）

9湧水量＋12溜水量＝21仕事量

3分間で排水する場合のポンプの台数

21仕事量÷3分＝7台

答　7台

問題2

裕樹君となつみさんの貯金額は同額でした。また、2人は同額のお小遣いを毎月もらっています。
裕樹君は、毎月3500円ずつ遣《つか》ったら、4カ月で貯金額はゼロになりました。
なつみさんは、毎月3000円ずつ遣ったら、6カ月で貯金額はゼロになりました。
では、最初の1人分の貯金額と、毎月もらう1人分のお小遣いの金額を答えなさい。

（1）絵ん分図は？

どれだけ説明されても分からないけど、絵ん分図にしてもらえれば、見てるだけでスッキリ分かる気がするわ。

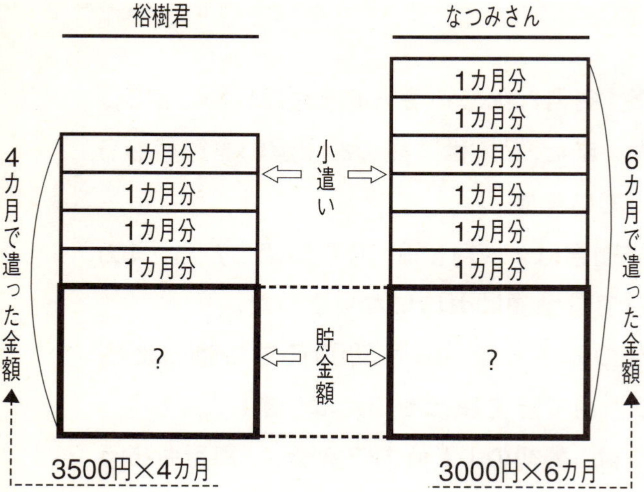

だけど、問題文が何を言っているか、ということは分かるけど、先には進めないわ。

(2) 2人が遣った金額

2人のそれぞれの絵ん分図の下に、それぞれが遣った金額の式が書いてあるから、まずその金額を出したら、何か分かるんじゃないの。

まっかしといて〜
裕樹→ 3500円× 4 カ月 = 14000円
なつみ→ 3000円× 6 カ月 = 18000円

(3) 小遣い１カ月分

２人が遣った金額の差は、図で見れば、お小遣いの２カ月分になるわね。

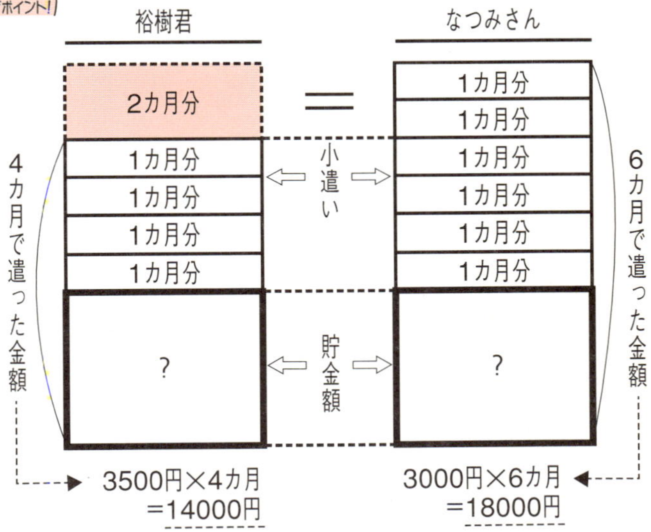

計算するなら任しといて〜

☆ 2カ月分のお小遣い

3000 × 6 − 3500 × 4 ＝ 4000円

☆ 1カ月分のお小遣い

4000 ÷ 2 ＝ 2000円

とすると２人の差額から、お小遣い１カ月分が分かったわけだね。

(4) １人分の貯金額は？

遣った金額から、もらったお小遣いの金額を引けばいいのね。

☆貯金額（１人分）

3500円 × 4 − 2000円 × 4 ＝ 6000円

やった〜　これで最初の貯金額と、お小遣いの１カ月分が分かったのね。

(5) 式と解答

①２人が遣った金額差(２カ月分のお小遣い)

3000円 × 6 − 3500円 × 4 ＝ 4000円

②お小遣い（１人・１カ月分）

4000円 ÷ 2カ月 ＝ 2000円

答　１人分の小遣金額・月額2000円

③最初の貯金額（１人分）

14000円 − 2000円 × 4 ＝ 6000円

答　１人分の最初の貯金額は6000円

練習問題　―4章―

問題1　41頭の牛なら16日で、32頭の牛なら22日で草を食べつくす牧場があります。56頭の牛なら何日で食べつくしますか。ただし、牛は毎日同じ量の草を食べ、草も毎日一定の量だけ生えてくるものとします。（淳心学院中）

解答1　牛1頭が1日で食べる草の量を①とする

①×41×16＝656←41頭・16日

①×32×22＝704←32頭・22日

（704－656）÷（22－16）＝8……1日に生える草の量

656－8×16＝528←はじめの草の量

528÷（1×56－8）＝11日

答　11日

問題2　あるコンサート会場では、入場開始の午後1時には、すでに長い行列ができていて、その後も1分当たり24人の割合で増えます。入場窓口を3つにすると、1時間15分で行列がなくなり、窓口を4つにすると、45分で行列がなくなるといいます。これについて次の問いに答えなさい。

（1）窓口1つで受け付ける人数は、1分当たり何人ですか。

（2）午後1時までに、何人の行列ができていましたか。

（3）窓口をいくつにすると、15分で行列がなくなりますか。

（ラ・サール中）

解答2（1）窓口1つで1分当たりに受付ける人数を①とする。

1時間15分＝75分

24×75＝1800人←1時間15分で並ぶ数

①× 3 × 75 = 225人←1時間15分で受付ける人数
24 × 45 = 1080人←45分で並ぶ数
①× 4 × 45 = 180人←45分で受付ける人数
（1800 − 1080）÷（225 − 180）= 16人←①
答　16人

（2）16 × 225 = 3600人
3600 − 1800 = 1800人
答　1800人

（3）1800 ÷ 15 = 120人
120 + 24 = 144人
144 ÷ 16 = 9
答　9

時速～秒速単位で考えよう

アラカルト 5

追いつけ・追い越せ・すれ違い

通過算

問題1

時速108キロで走る普通列車の、列車の長さは160メートルです。また、列車の長さが200メートルの特急は、時速216キロで走っています。

この2列車が、向かい合わせに走るとき、出会ってから、すれ違いが終わるまでの時間は何秒ですか。

この問題は意地悪だぜ。

なんで？

だって「時速何キロ」って言いながら「何秒ですか」って聞くんだぜ。どうしたらいいのか分からないじゃん。

そんなに難しく考えない方がいいよ。時間を分にして、分を秒に直せばいいんだよ。１つずつ順に処理すればいいのさ。

(1) 時速を秒速に変える

①108キロ／時は……

108÷60分＝1.8キロ／分

＝1800m／分

1800m÷60秒＝30m／秒←普通列車

ほうら～　簡単でしょ！　これで時速が秒速に簡単に変わったでしょ。特急の時速もついでに計算しておきましょうよ。

②216キロ／時は……

216÷60分＝3.6キロ／分

＝3600m／分

3600m÷60秒＝60m／秒←特急列車

ほ〜んとだ〜　やってみれば簡単なことだね。ソロバン塾に行っててよかった。

さすが計算の健ちゃんだね。アッという間にできたじゃないか。では、もう問題はないかな。

計算の方は、それでいいんだけれど、［すれ違い始めてから、終わるまで］ということの意味が分からないわ。

これは言葉で説明するより、図を見てもらった方が早いと思うよ。

それはいい考えだわ。

(2) 列車すれ違いの始まりから終わりまで

①始まり

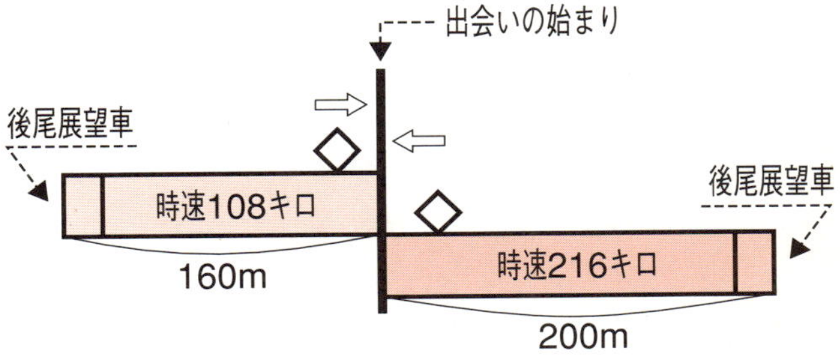

②終わり

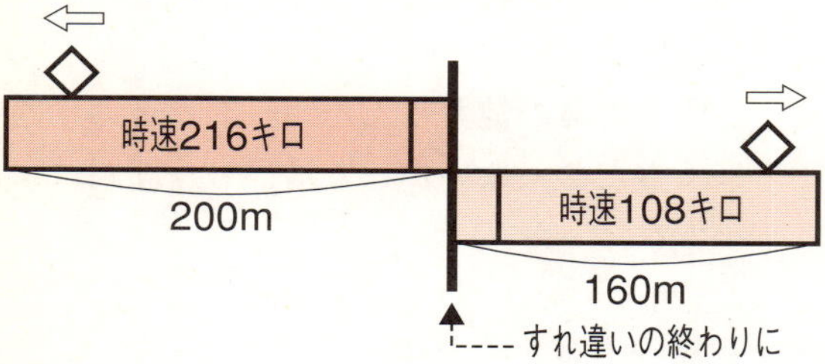

本当によく分かったけど、イメージにしてはずいぶん正確なんだね。図を見るだけで解けそうな気がしてくるぜ。

エ～ッ　本当に～　私には全然見当もつかないわ。なにか簡単な解き方はないものかな～

まっかしといて～　簡単、かんた～ん！［時速～秒速］のときのように、コツコツと順に計算してゆくのが一番いいんだよ。

(3) 出会いと１秒後の線分図

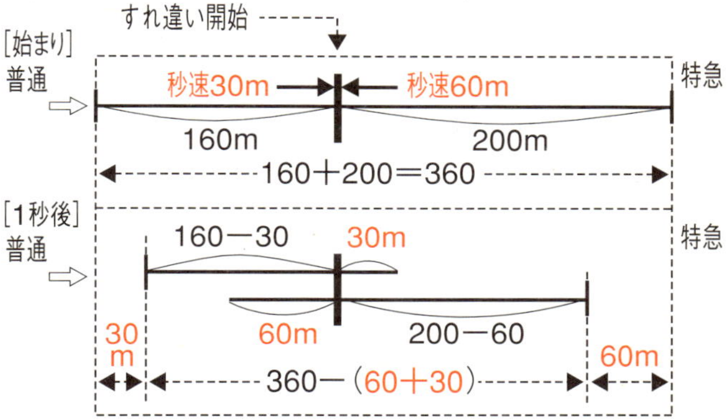

それでは［開始］のときと［１秒後］の様子を線分図に描いたから、これを見ながら考えてみましょう。

ワ〜ッ　ずいぶん細かく描いてあるな〜　もう解けたも同然だぜ。

ウフフ　ほんとに〜　どうやって解くつもりなの〜

(4) １秒間に進む距離だけ、２列車の最後尾が近づいている

１秒たったらさ〜　特急が進んだ 60ｍと、

普通の30mが重なっているから、その分だけ列車の長さの合計が短くなったのさ。

それはよく分かったけれど、それをどこまで続ければいいの？

さすが～　ずいぶん線分図が分かってきたようだね。質問が鋭くなってきたよ。

それはさ～（2）の［すれ違いの終わり］の図を見れば分かると思うよ。2列車の最後尾が出会えば［すれ違いは終わる］のさ。

フ～ン　それならさ～　重なった部分より、最後尾の空いた距離を見ていった方が、僕には分かりやすいな～

な～るほど　いろんな見方があるもんだね。［重なり］を見るか、［空いた距離］を見るかには個人差があると思うけど、分かりやすいのは、［空いた距離］の方かもしれないね。

(5)　2列車の最後尾が会うときはいつになる

160m＋200m＝360m←2列車の和
360m－90m＝270m←2列車の各最後尾間の距離（1秒後）

1秒で90mずつ和が減るってことは、いつかは2列車の最後尾間の距離がゼロになるときがあるってことね。

一定の数から同じ数を繰り返して引いていくときは、割り算をした方が早いんだよ。

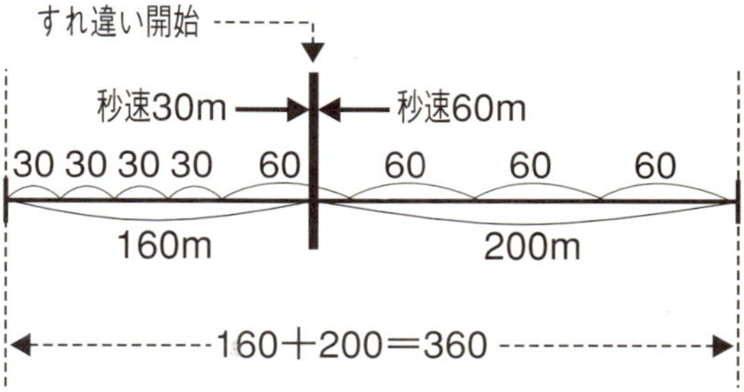

2列車の最後尾が互いに近づく距離は1秒ごとに［60＋30＝90m］だから、それが360mの中に何回あるかで、何秒かかったかが分かるってことなのね。

（160＋200）÷（30＋60）＝

360m÷90m＝4秒

答　4秒

※式と解答は、問題2の後にあります。

問題2

普通列車が、秒速20mで走っています。その後ろから長さ220mの急行列車が、秒速30mで追いかけてきました。その急行が普通に追いついてから、追い越すのに56秒かかりました。普通列車の長さは何mですか。

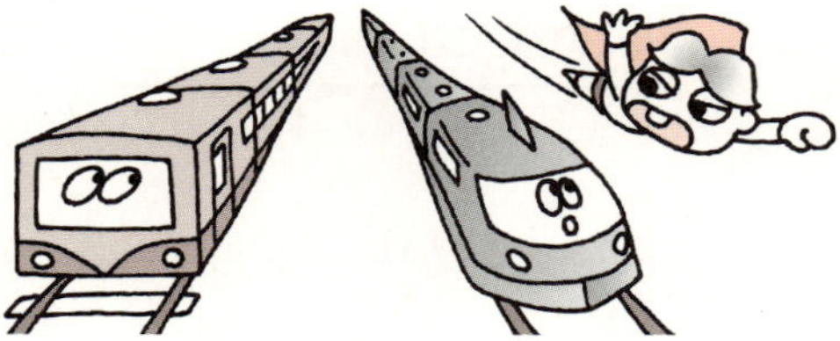

(1)［追いつき・追い越す］とはどういう状態？

［追いつき］は分かるけど［追い越す］ってのが分からないね。普通、追いついたら、アッという間に追い越すじゃん。

私は、口で教えてもらうより、線分図を描いてもらった方が一目見ただけで分かるわ。

①追いついた状態

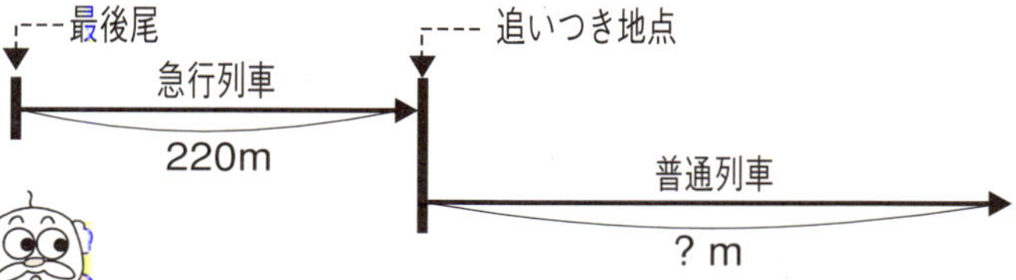

急行の先端が、普通の最後尾と同一線上に並んだときが［追いついた状態］になるんだわ。

そしてそこから、追い越す状態が始まるんだわ。

②追い越しが終わった状態

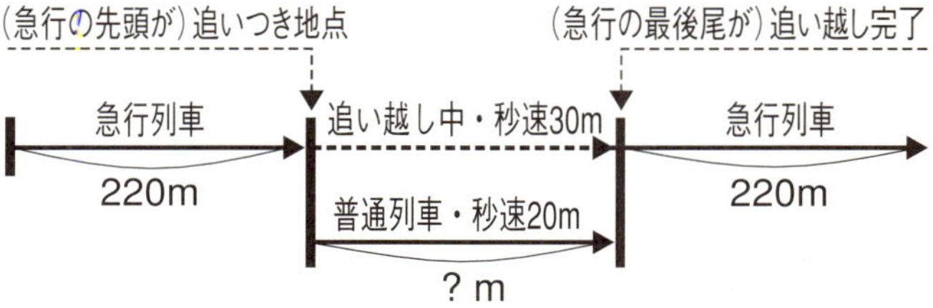

ワ～ッ！　よ～く分かるわ～。知りたいことが全部書いてあるみたい。

普通列車の長さだけが書いてないけどね。

当ったり前じゃん！　その長さが問題になっているんだもん。だから、早く解きましょうよ。

(2) 分かってることから解いていこう

そうだね。まず手をつけることは、分かっていることから…ってことさ。

それじゃ～　2列車の速さ比べから始めましょうよ。

急　行		普　通		追い越す距離
30m／秒	−	20m／秒	＝	10m／秒

要するに、1秒ごとに急行の方が10m追い越しているってことなんだね。

すっげ～　1秒で10mも先に行ってしまうんだぜ。速いな～

(3) 追い越した時間は 56秒

追い越した距離

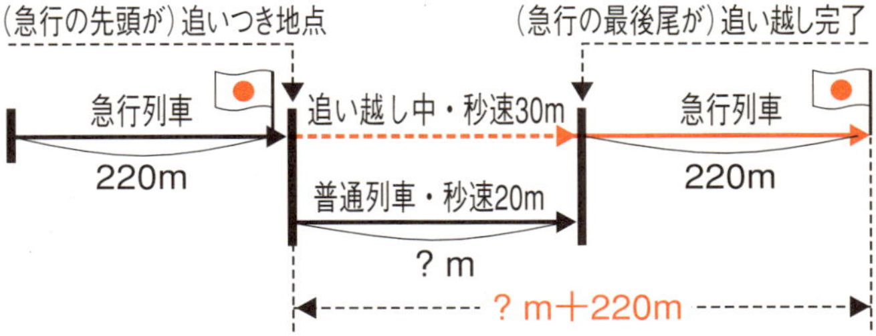

上の図では、[?m＋220m]が追い越した距離ってことなのね。

だから、なんでそうなのかを知りたいのさ。図だ けで見せられてもな〜

でも、この図で私はスッキリ分かるわ。まず急行の先頭が普通の後尾に追いついたときから[追い越し]が始まるのよ。

そこまでは分かるけど、それからが スッキリしないんだね。

それは[追い越し完了]の図のように、 急行の最後尾が、普通の先頭と同じラインに並んだときが［追い越し完了］になるってことでしょう。

どうもイマイチなんだな～

それじゃ、こう考えたらどうかな～　急行の先頭に旗を立てて、その旗が通過した距離が追い越した距離だ、と思うのさ。

うまいっ！　分かった！　だから［？m＋220m］になるってわけか。

そこまで分かったんなら、もう解けたようなもんじゃない。

(4) 普通列車の長さは

急行が追い越す速さは、秒速が10mだってさっき計算したから、普通だったら
時間×速さ＝距離
となるんだけれど、ここではこうなるから
56秒× 10m／秒＝ 220m＋？m
あとは健ちゃんにまかした方がいいのかな。

まっかしとき～
560m＝220m＋？m
？m＝560m－220m

？m＝340m

答　340m

(5) 式と解答

問題1

108キロ／時÷60分＝1.8キロ／分

　　　　　　　＝1800m／分

1800m÷60秒＝30m／秒←普通の秒速

216キロ／時÷60分＝3.6キロ／分

　　　　　　　＝3600m／分

3600m÷60秒＝60m／秒←特急の秒速

160m＋200m＝360m←2列車の和

360m÷（30m＋60m）＝4秒

答　4秒

問題2

30m－20m＝10m／秒←急行が普通を

　　　　　　　　　追い越す秒速

10m×56秒＝220m＋？m

560m＝220m＋？m

560m－220m＝？m

340＝？m

答　340m

求む！
1人・1日の仕事量

仕事算

問題

大輔君とあゆみちゃんの2人でなら6日、あゆみちゃんとまいちゃんの2人ならば10日、大輔君とまいちゃんの2人ならば7.5日で完成する仕事があります。次の［1］［2］の質問に答えなさい。

［1］この仕事を3人で一緒にすると、何日で完成しますか。

［2］1人で、この仕事を完成させるためには、3人はそれぞれ何日かかりますか。

考えられる限り難しい種類の問題を出したって感じがするぜ。

自分のことだと考えてやるんだけど、どう解いたらいいのか分からないわ。

いやいや、仕事に関する問題のときは、分数や全体を表わす1の扱い方に慣れさえすれば、逆に分数の持つ不可思議な魔力にひかれると思うよ。

エ〜ッ　本当かな〜　分数が楽しいだなんて思えないけどな〜　もしかして、また線分図で考えるわけ〜

さすがさすが、ようやく絵解き仲間の一員になってきたようだね。ではさっそく、仕事量を線分図で表わしてもらいましょうか。

［1］

(1)　大輔とあゆみの合同作業

みんなが同じ仕事をするんだから、その仕事量を1と決めると、こういう図になったわ。

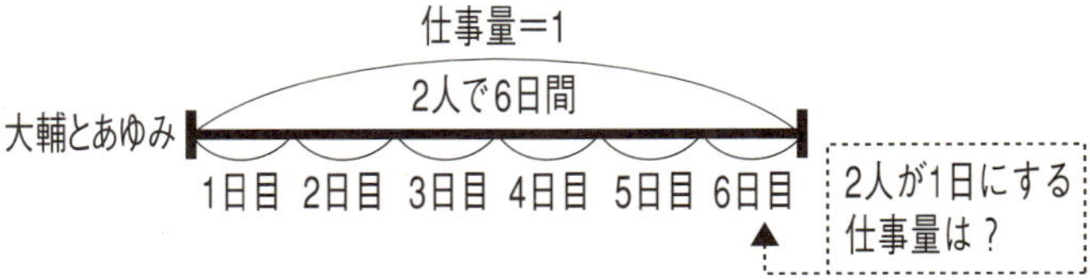

でも、肝心の１日の仕事量が出ていないわね。

図でも分かるように、仕事量１を６日で完成するんだから、それは６分の１ってことじゃないのかな。

(2) 大輔とまいの合同作業

だとすると、同じ仕事をするのに、この2人では7.5日かかるっていうんだから、前のと同じ考え方をすると、1日では$\frac{2}{15}$の仕事だと考えればいいんだぜ。

(3) あゆみとまいの合同作業

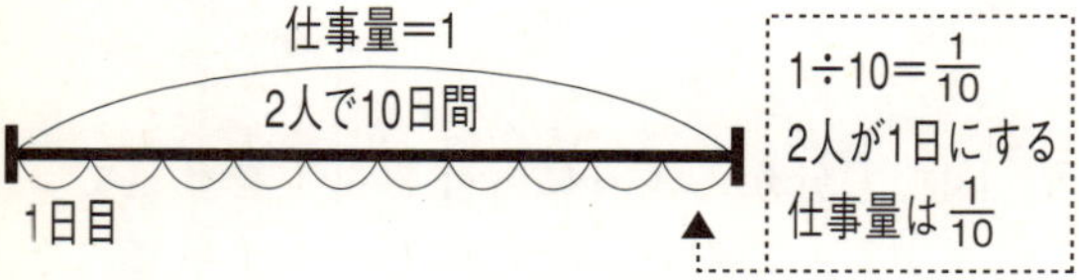

このペアが一番、日数がかかっているぜ。

そんなこと言ったって、仕方ないわよ、ね～

(4) 1人分の仕事量は求められるか

線分図は3個とも全部、2人分の仕事量しか分からないから、1人分なんか無理だわね。

人数がダメなら仕事量があるよ。方向転換するのも一つの方法だよ。

よく分からないぜ。

せっかく、２人分ずつの仕事量が出たんだから、それを全部並べてみましょうよ。

⑴ の大輔とあゆみの一日の仕事量＝ $\frac{1}{6}$

⑵ の大輔とまいの一日の仕事量＝ $\frac{2}{15}$

⑶ のあゆみとまいの一日の仕事量＝ $\frac{1}{10}$

いくら見つめても、２人分しか分からないわよ。

なんでもいいから、足すとか引くとかしようぜ。

ア～ッ　たまにはいいこと言うね。それ頂き～　全～部、足してしまおうよ。

そんなむちゃなこと言って、大丈夫なの～

大切なのは、チャレンジ精神だって言ってたでしょ。

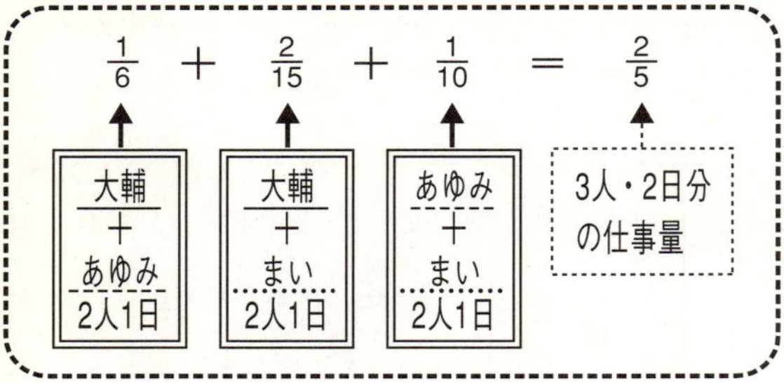

全部足したら、５分の２になったぜ。

計算したのはいいけど、その５分の２にはどういう意味があるの？

そりゃ～　式の下に書いてある名前の人、３人の２日分の仕事量の合計さ。

フ～ン み～んな2日ずつ仕事してるんだ～

ア～ッ！　ソレダ～ッ！　１人が２日ずつだから５分の２になるんで、１人が１日ずつだったらそれを半分にすればいいんじゃないの。

マ～ッ！　すごい大発見だわ～　３人の１日分は簡単に出せるってことなのね。

(5) それは、3人・2日分の仕事量から始まる

大輔1日分＋あゆみ1日分＋まい1日分
大輔1日分＋あゆみ1日分＋まい1日分 ＝ $\frac{2}{5}$

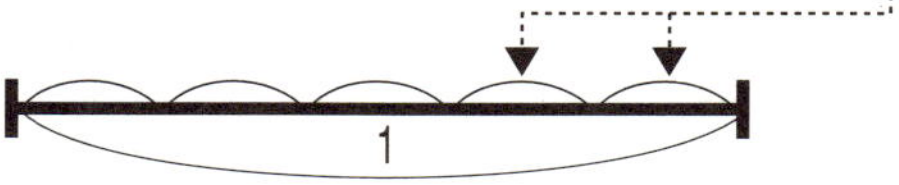

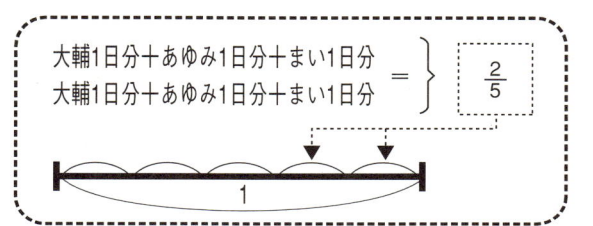

ワ〜ッ！　こういう書き方をすれば、よく分かるわね。半分にするって意味が、ようやく理解できてきたわ。上の式を、こうすればいいのね。

3人・2日分 ＝ $\frac{2}{5}$

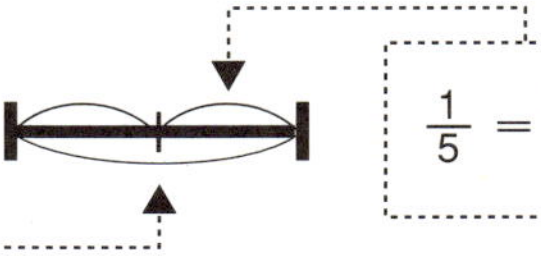

$\frac{1}{5}$ ＝ 3人・1日分

大輔1日分＋あゆみ1日分＋まい1日分＝ $\frac{2}{5} \div 2$

$\frac{2}{5} \div 2 = \frac{2}{5} \times \frac{1}{2} = \frac{1}{5}$ ＝ 3人・1日分の仕事量

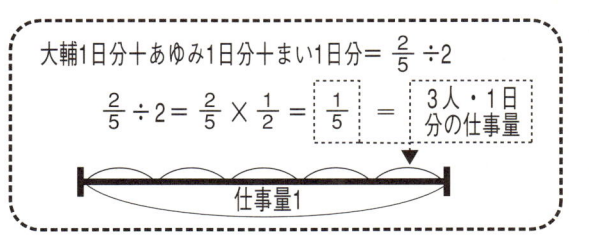

問題［1］では「３人が一緒に仕事をすると、何日かかるのか」と聞いているのだから、この５分の１が［３人・１日分に当た

る］ことを利用して、解けるのね。

(6) 仕事量1は、3人・1日分の仕事量の5分の1が何回あれば完成するか

3人でしなければならない仕事量は1だから、5分の1で割ればいいんでないの。

簡単　かんた〜ん！　まっかしといて〜

$$1 \div \frac{1}{5} = 1 \times 5 = \underline{5日}$$

ヤッタ〜　3人でやれば、5日で完成するんだぜ。

(7) 式と解答

$1 \div 6 = \frac{1}{6}$　⇦ 大輔とあゆみの仕事量1日分

$1 \div 7.5 = \frac{2}{15}$　⇦ 大輔とまいの仕事量1日分

$1 \div 10 = \frac{1}{10}$　⇦ あゆみとまいの仕事量1日分

$\frac{1}{6} + \frac{2}{15} + \frac{1}{10} = \frac{2}{5}$　⇦ 3人・2日分の仕事量

$\frac{2}{5} \div 2 = \frac{1}{5}$　⇦ 3人・1日分の仕事量

$1 \div \frac{1}{5} = 5$

答　5日

［2］

(1) 今までの図や文字式？を再検討しよう

３人・１日分の仕事量は求められたけど、１人分だけはダメだったじゃない。

なんか、いい工夫はないもんかな～

なんで悩むのかな～　簡単でしょ。線分図を描けば一発解答さ！

描くったって、何を描けばいいの？

とにかく、今までの線分図を重要らしいものから並べてみようぜ。もしかして、ヒントになるかもよ。

①参考線分図と文字式…1

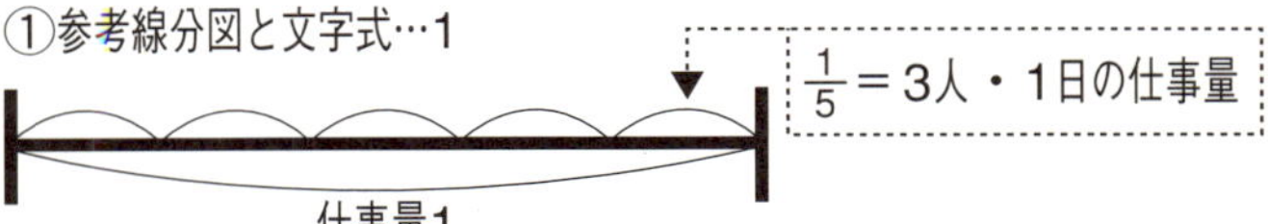

大輔1日分＋あゆみ1日分＋まい1日分＝$\frac{1}{5}$

②参考線分図と文字式…2

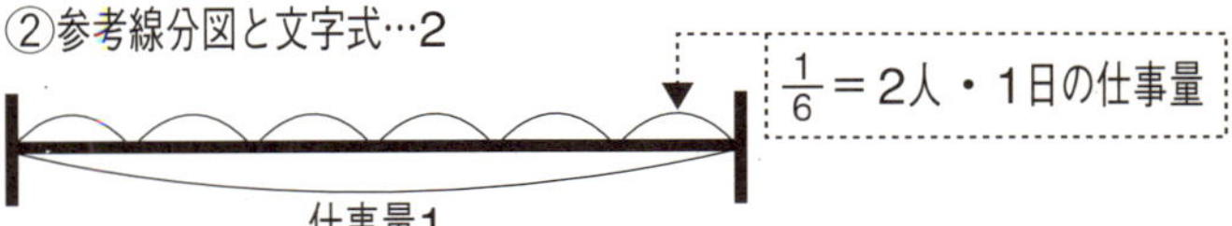

大輔1日分＋あゆみ1日分＝$\frac{1}{6}$

見た見た～？　すっごいわね～

なにが。

エ～ッ！　さっきの図と文字式のことよ。

(2) 文字式を比べよう

①まいの1日分は

$$
\begin{array}{rl}
\text{大輔1日分}+\text{あゆみ1日分}+\text{まい1日分} & = \dfrac{1}{5} \\
-)\quad \text{大輔1日分}+\text{あゆみ1日分} & = \dfrac{1}{6} \\
\hline
\text{まい1日分} & = \dfrac{1}{5}-\dfrac{1}{6}
\end{array}
$$

ホラ～ッ！　3人分から2人分を引いたら、まいの1人分が出せるじゃない。

あとはぼくに、やらせて　やらせて～

$$\frac{1}{5}-\frac{1}{6}=\frac{6}{30}-\frac{5}{30}=\boxed{\frac{1}{30}\ \Leftarrow\ \text{まい1日分の仕事量}}$$

たしかに、いい式だぜ。アッという間に、答が出ちゃったぜ。

さっきはバカにしていたくせに～

そんなことないよ。あとも全部計算してあげるよ。

②あゆみの1日分は

大輔1日分＋あゆみ1日分＋まい1日分＝$\frac{1}{5}$

大輔1日分＋　　　　　　　まい1日分＝$\frac{2}{15}$　（－

あゆみ1日分＝$\frac{1}{5}-\frac{2}{15}$

$\frac{1}{5}-\frac{2}{15}=\frac{3}{15}-\frac{2}{15}=\frac{1}{15}$ ⇦ あゆみ1日分の仕事量

どんどん解けていくわ～　文字式だなんていうけど、これは消去算に似ているわ。

③大輔の1日分は

大輔1日分＋あゆみ1日分＋まい1日分＝$\frac{1}{5}$

　　　　　　あゆみ1日分＋まい1日分＝$\frac{1}{10}$　（－

大輔1日分＝$\frac{1}{5}-\frac{1}{10}$

$\frac{1}{5}-\frac{1}{10}=\frac{2}{10}-\frac{1}{10}=\frac{1}{10}$ ⇦ 大輔1日分の仕事量

(3)　1人ですると何日かかる

①大輔の場合

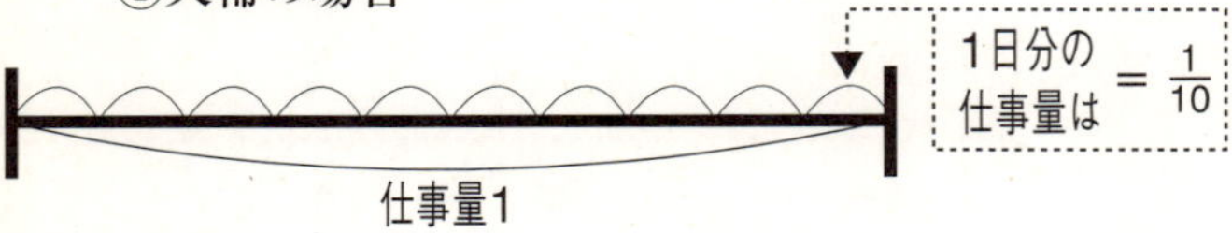

僕の1日の仕事量は10分の1だから、仕事量全部を表わす1を割ればいいんだぜ。

$1 \div \frac{1}{10} = 1 \times 10 = 10$日　答　10日

②あゆみの場合

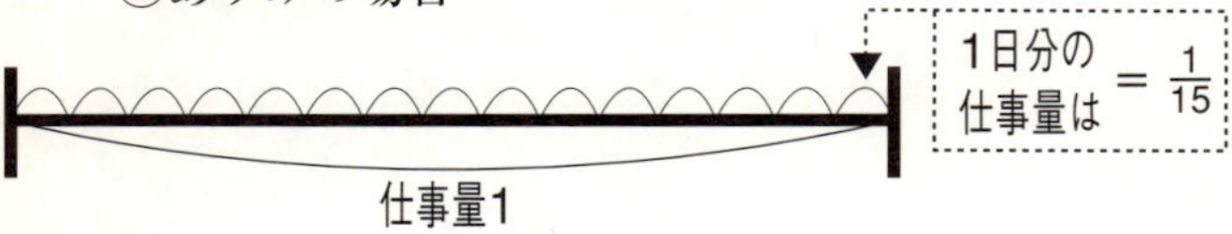

私の場合は、1を15分の1で割るのね。

$1 \div \frac{1}{15} = 1 \times 15 = 15$日　答　15日

③まいの場合

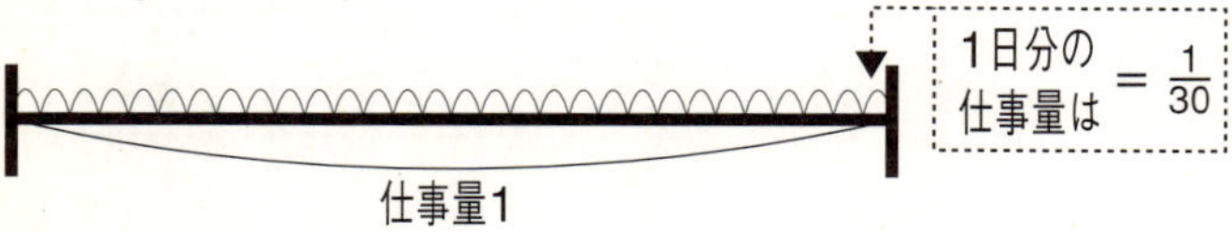

私は、1を30分の1で割るのよ。

$1 \div \frac{1}{30} = 1 \times 30 = 30$日　答　30日

④つよしの場合………？

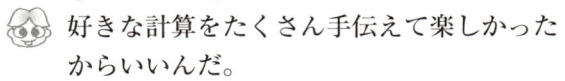

好きな計算をたくさん手伝えて楽しかったからいいんだ。

(4) 式と解答

①1の仕事をまい1人でするときの日数

大輔1日分＋あゆみ1日分＋まい1日分＝$\frac{1}{5}$ ⇦3人1日分の仕事量

大輔1日分＋あゆみ1日分＝$\frac{1}{6}$ ⇦2人1日分の仕事量

$-$

まい1日分 $= \frac{1}{5} - \frac{1}{6} = \frac{1}{30}$

$1 \div \frac{1}{30} = 30$日 ⇦ まい1人での日数

答　30日

②1の仕事をあゆみ1人でするときの日数

大輔1日分＋あゆみ1日分＋まい1日分＝$\frac{1}{5}$ ⇦3人1日分の仕事量

大輔1日分＋まい1日分＝$\frac{2}{15}$ ⇦2人1日分の仕事量

$-$

あゆみ1日分 $= \frac{1}{5} - \frac{2}{15} = \frac{1}{15}$

$1 \div \frac{1}{15} = 15$日 ⇦ あゆみ1人での日数

答　15日

③1の仕事を大輔1人でするときの日数

大輔1日分＋あゆみ1日分＋まい1日分＝$\frac{1}{5}$ ⇦ 3人1日分の仕事量

あゆみ1日分＋まい1日分＝$\frac{1}{10}$ ⇦ 2人1日分の仕事量

－

大輔1日分＝$\frac{1}{5}-\frac{1}{10}=\frac{1}{10}$

$1\div\frac{1}{10}=10$日 ⇦ 大輔1日分の仕事量

答　10日

リンゴは1個何円ですか

比例式

問題

さとるとみきは、2人合わせて4800円のお金を持って、それぞれのクラブ員のために、リンゴを買いに行きました。
それぞれがリンゴを1個ずつ買うと、2人の残金の比は[13：10]となり、3個ずつ買うと、[4：3]となります。

[Ⅰ]それぞれが、リンゴを4個ずつ買ったときの、2人の残金の比を求めなさい。

[Ⅱ]このリンゴは、1個何円ですか。

※リンゴの値段は、すべて同一価格です。

[Ⅰ]

物の値段や個数よりも、比較した数字の多い問題は、想像しにくくって分かりにくいぜ。

比べるってことは何にでも必要なことよ。

じゃ～　この問題はどこから始めるのさ。

決まってるじゃん。比の問題は、とくに線分図が有効だわよ。

(1) 線分図で全体観を把握しよう

①1個買ったときの比 ⇨［13：10］の図

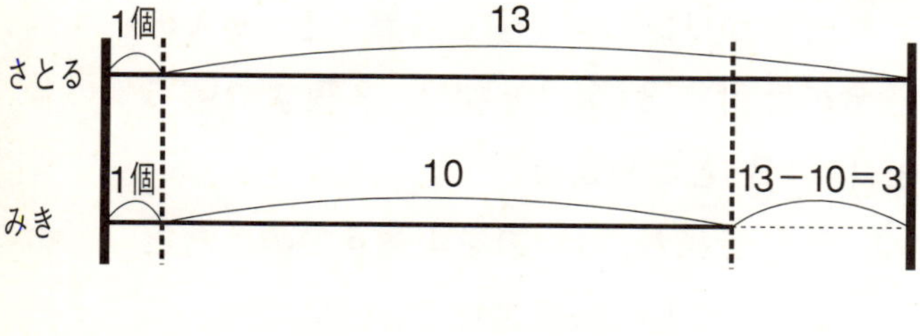

分かりやすく描けているじゃん。［比］は難しいなんて誰が言ったっけ。

②3個買ったときの比 ⇨［4：3］の図

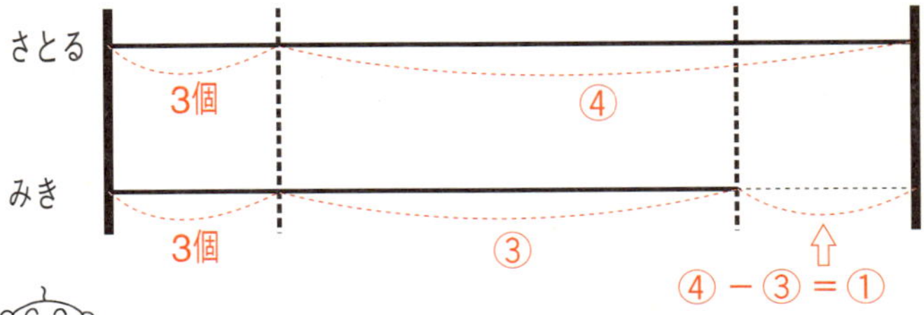

これも分かりやすい図だわね。

2つとも分かりやすい図だけど、だからといってこれだけで解けるとは思えないんだけど～

そうだな～　アッそうだ、この二つの線分図を合体させてみたらどうだろう。

そんなことできるの？

③2つの比を合体させたら

ア～ア疲れた。なんたって、比が2種類あるから、神経つかっちゃったよ。

よく、ここまで描けたわね。何か分かるかもね。

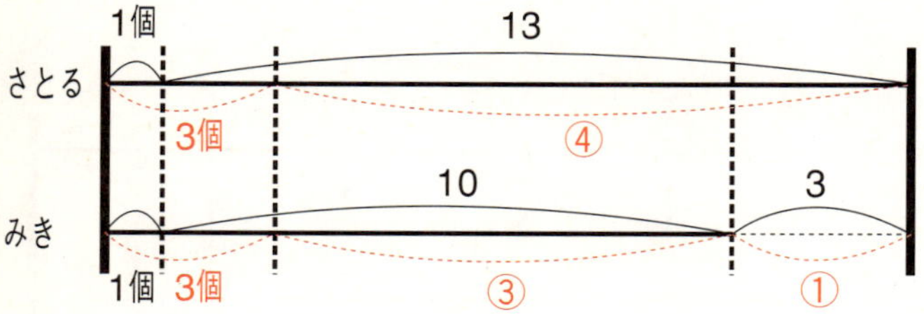

あれ～　間違えてるわよ。右下の点線の２人の差に当たる部分に数字が２個あるけど、２個とも違うわ。

あ～　それは別の数を比較したときの比だからそうなるんで、間違いではありません。でも、２つの比のかけ橋にはなるね。

(2)　2つの比を並べてみよう

線分図を合体しても、何も分からないのに、今度は何を合体させるの？

それなら、出ている数を全部、合体させようぜ。

そんな数字あるの～？

リンゴを１個買ったときの比と、３個のときの比があるよ。

1個のとき　------→　13：10：3

3個のとき　------→　　　　1：4：3

アッ　これ知ってるわ。上の比の3と下の比の1とを、同じ数字にするのよ。

そう、これは［連比］という考え方で、下の段の数字を1の変化に対応させればいいんだよ。

どうやってやるの？

$$1:4:3 = 1\times 3 : 4\times 3 : 3\times 3$$
$$= 3:12:9$$

たしか、こうだよね。

比は同じでも、数字が増えただけじゃない。

いやいや、そのおかげで、2つの比が完全に連結したのです。

だけど、比の数字ばっかりで、肝心のリン

ゴの数がサッパリ分からないじゃん。

13 ： 10 ： 3

3 ： 12 ： 9

⇩ ⇩ ⇩ ⇩

13 ： 10 ： 3 ： 12 ： 9

(3) 比の数字を合体線分図に当てはめる

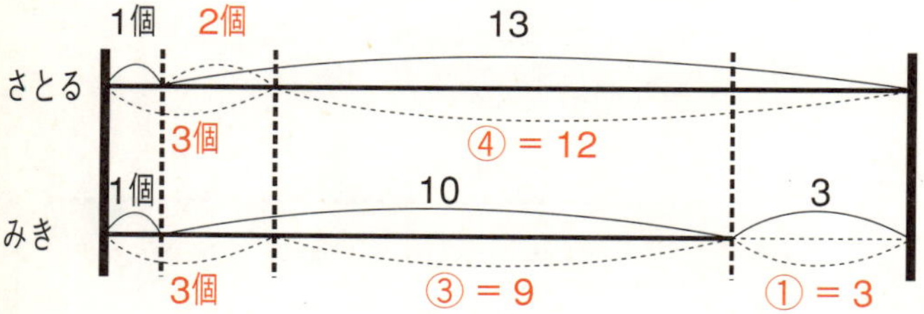

やったぜ！　これで比が全部つながったぜ。これを１個や３個の数字と連結させればいいんだね。

それは、さとるの図で［13：12］で見てみると、比の［13－12＝1］の1が、リンゴの［3個－1個＝2個］の2個に該当するということ。逆にいうと、1個は比の0.5です。

(4) リンゴの個数を比に変えてみると

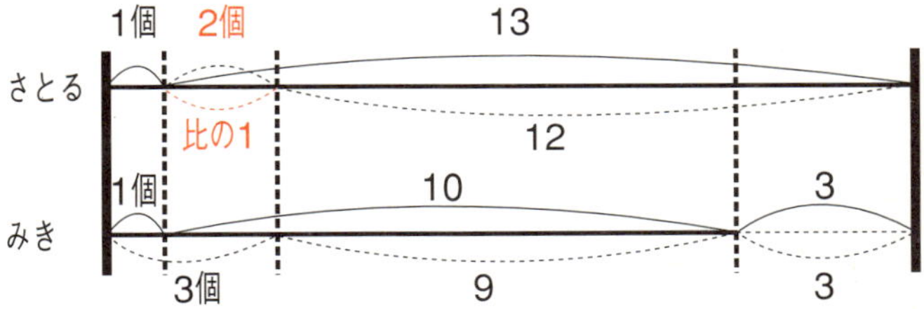

比の１が、リンゴ２個に当たるとすれば、２人がリンゴを４個ずつ買ったときの残金の比は、どうなるの？

リンゴ１個を比で表わすと、こうなるね。

1 ÷ 2個 = 0.5 ⇦ リンゴ1個の比

だとすると、４個を買ったときの残金の比は、どうなるのかな〜

線分図で見ると、比の12からリンゴを１個減らせばいいんだから、比の0.5を引けばいいわけ。

12 − 0.5 = 11.5 ⇦ さとるの残金の比
9 − 0.5 = 8.5 ⇦ みきの残金の比

さとるの残金 ： みきの残金
11.5 ： 8.5 = 23 ： 17

答 23 ： 17

やったね。あとは、リンゴの値段だね。

［Ⅱ］

(1) 線分図をすべて比の数字で表わそう

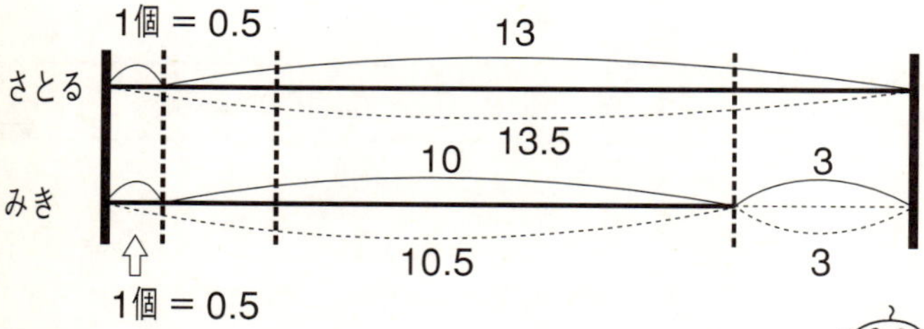

最初の線分図が一番簡素だから、この図で考えてみましょう。

そりゃ、分かりやすい方がいいわね。

ようやく分かってきた。図に［1個＝0.5］って書いてあるから、リンゴの個数を全部、比の数字に置き換えちゃおうよ。

2人のリンゴをすべて比で表わすと、

13＋0.5＝13.5…さとる

10＋0.5＝10.5…みき

だから［13.5：10.5］…ということになるんだね。

それにリンゴ［1個］は［0.5］なんだから、個数まで出てしまうわね。

そりゃ、いい考えだね。

(2) 1個は0.5だから…

さとるのリンゴ

13.5÷0.5＝135÷5＝27個

みきのリンゴ

10.5÷0.5＝105÷5＝21個

2人のリンゴの数はこうなるのね。

(3) いよいよ値段だね

計算なら負けないよ。お金は全部で4800円だから、個数で割ればいいんだろう。

4800円 ÷（27 ＋ 21）
　＝ 4800円 ÷ 48 ＝ 100円 ／ 1個
答　100円

(4) 式と解答

［Ⅰ］

13 − 10 ＝ 3 ←1個ずつ買ったときの、2人の比の差
4 − 3 ＝ 1 ←3個ずつ買ったときの、2人の比の差

13 ： 10 ： 3
　　　（1 ： 4 ： 3）× 3 ←二つの比を揃える

だから

13 ： 10 ： 3
　　　3 ： 12 ： 9

だから

13 ： 10 ： 3
12 ： 9 ： 3 ←二つの比が共通の数値になった。

13 − 12 ＝ 1 ←さとるの2回の比の差
3個 − 1個 ＝ 2個←さとるの2回の個数の差
だから……比の1 ＝リンゴ2個
1 ÷ 2個 ＝ 0.5←リンゴ1個の比

12 − 0.5 = 11.5←さとるが4個買った後の残金の比

9 − 0.5 = 8.5←みきが4個買った後の残金の比

だから……11.5：8.5 = 23：17

答　23：17

［Ⅱ］

13 + 0.5 = 13.5←さとるの数をすべて、比にする

10 + 0.5 = 10.5←みきの数をすべて、比にする

さとるのリンゴ数

　13.5 ÷ 0.5 = 27個

みきのリンゴ数

　10.5 ÷ 0.5 = 21個

全金額を全個数で割る

　4800円 ÷（27個 + 21個）= 100円

答　100円

遅れる時計をどうみるの？

比例式

問題

正午の時報にあわせた時計が、その日の午後1時30分には、午後1時20分を指していました。しかし、この時計を直さずに、そのままにしておきました。では、この時計が午後2時ちょうどを指しているときの正しい時刻は何時何分ですか。

要するに、この時計は10分遅れるんだな。

なんで？

だって、30分から20分を引けば、10分になるじゃない。計算はまかしといてよ。

そりゃそれで、いいんだけど～ 1日で10分とか、1時間で10分とかって言わないと…

そりゃ～　さっきから今までに決まってるぜ。

今は問題を解いているんだから、それではすまないでしょうが。

分かった。それじゃ～いつものように、線分図で解こうぜ。

エ～ッ！　これは［比や比例式］で解く方が分かりやすいんじゃないの。

そうなんだけど、計算式を作るまでの考え方はやっぱり、線分図を描いてみた方が、スッキリ理解できると思うよ。

(1) 正確な時刻と、遅れる時計とを比べる

①第1回目の時刻と時計

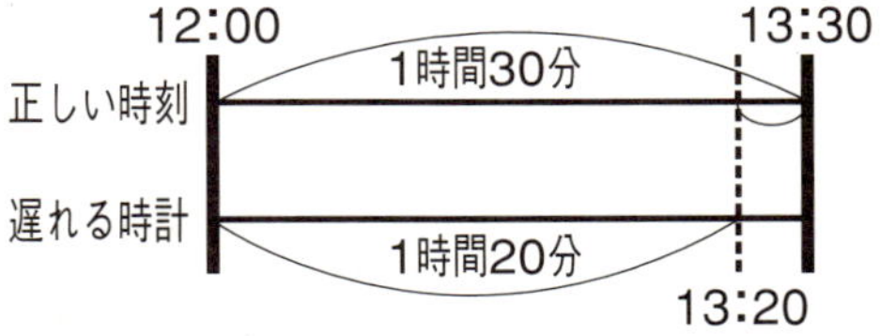

②第2回目の時刻と時計

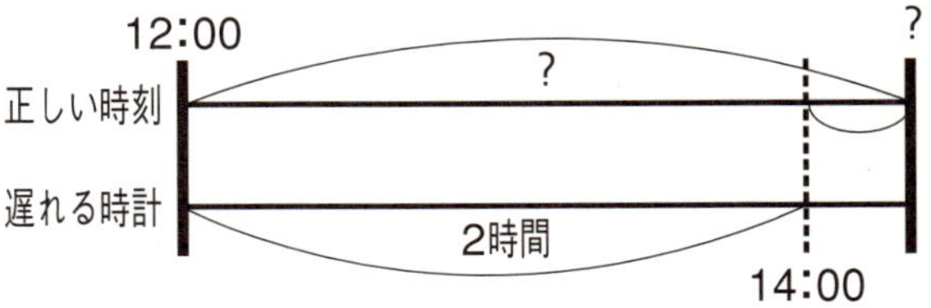

やっぱり、ただ数字だけが頭の中で踊っているよりも、こういう具体的な線分図を見た方が、理解できるような気がするんだけど……

たしかにそうだね。では、調子に乗って、問題文を解いてみようか。

どこから始めるの？

具体的には［この時計は、1時間30分ごと

に10分ずつ遅れる］という点から始めればいいんだよ。そして、同じ割合で増減する場合には、比例式を考えればいいのさ。

(2) 比と比例式

ようし！　比例式で解けばいいんだね。それじゃ、どれとどれとを対比させればいいのかな〜

まず、比は私が作ることにするわね。
(正確な時刻)：(遅れる時計)
1時間30分：1時間20分＝90：80
＝9：8

なるほど、9分たったら時計は8分を指しているってことか〜

だから（遅れる）時計の2時とは、
［9：8］の［8］に当たるってことだよ。

①第1回目の比較

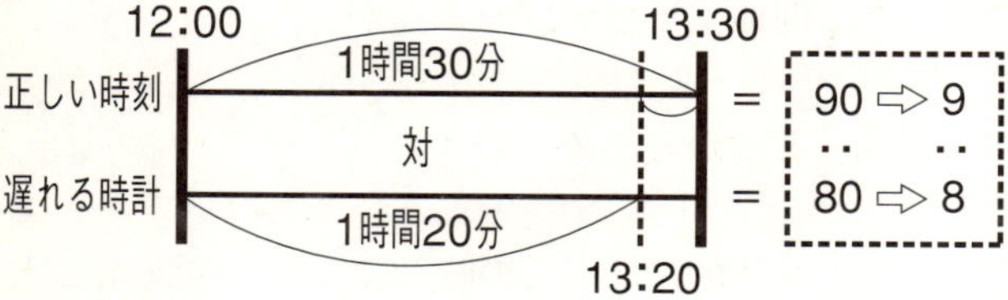

②第2回目の比較

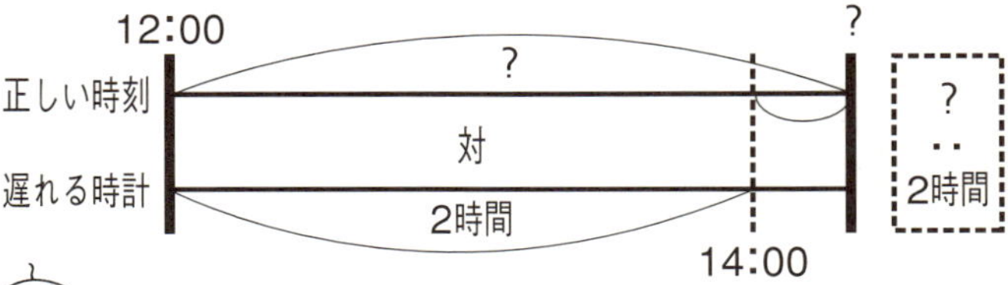

こんなもんでどうかな～

ウフフフ　威張ってるけど、初めの図と変わりがないんじゃないの。

そんなこと言うんなら、比例式も作ってやろうじゃんか～

9 ： 8 ＝ ? ： 2 時間

正しい時刻を表わすのが［9］と［?］だから、それが対応していて、いい式だね。

2 時間を分に直すと［2 時間× 60分＝ 120分］だから、あとは式通りに解けばいいのさ。

［外項の積＝内項の積］だから、式と計算はこうなるぜ。

9 × 120 分 ＝ 8 × □

$\square = 120 \times \frac{9}{8}$

= 15 × 9

= 135分

= 2時間 15分

答　2時間 15分

(3) 式と解答

1時間 30分：1時間 20分 = 9：8

9：8 = ？：2時間

9 × 2時間 = 8 × □

□ = 120分 × 9 ÷ 8

= 15 × 9

= 135分

= 2時間 15分

答　午後 2時 15分

五進数を十進数に直そう

N進数

問題1

五進数で使われる数字を全部並べると、次のア・イ・ウ・エのどれですか。

ア、1・2・3・4

イ、0・1・2・3・4

ウ、1・2・3・4・5

エ、0・1・2・3・4・5

※答は問題２の後

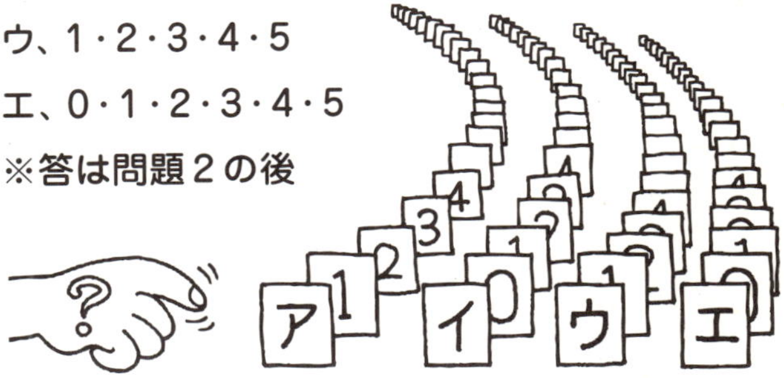

エ〜ッ　五進数って、６から９までの数字は使わないの？

五進数っていうくらいだから、０から５までの数字に決まってるジャン。

数字を５個使うから、五進数っていうんじゃないの。

まず０から始まるのか、１からなのかをハッキリさせなきゃ〜ネ。

さて、読者の皆さんはどう思われますか？

問題2

五進数で表わされた次の数字を十進数に直しなさい。

(1)　23(五)　　　　(2)　402(五)

【基礎知識】　23と23(五)は、どこが違う

①数字の読み方

左は〈にじゅうさん〉と読む数字だわネ。

〈2と3〉という数字が並んでいるだけなのに、どうしてそれを〈にじゅうさん〉と読むのさ。

〈2〉が、十の位に位置してるから
〈2＋じゅう〉って読むのよ。

だから〈2〉が百の位にあれば、
〈2ひゃく〉と読むんだね。

右側の〈23〉には、(五)が付いているから
〈五進数に～さん〉と読むんだぜ。

エ～ッ　今度はどうして〈じゅう〉という、
位を表わす言葉が付かないの？

十進法以外の数には位を表わす位置名がないから、左から順に数字を読んでいくだけなんだよ。

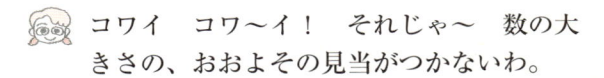

コワイ　コワ～イ！　それじゃ～　数の大きさの、おおよその見当がつかないわ。

だから、各数字の左右の位置によって、その五進数が、十進数ではいくつを表わすのかが分からなければ困るわけ。そこで次は、その［位取り］を考えてみましょう。

②位取り

どうして十進数と五進数を比べるの？

同じ数字が同じ位置にあっても、十進数と五進数では、表わす数量が違うということを認識するためです。

十　進　法			
千の位	百の位	十の位	一の位
10×10×10	10×10	10	1

125の位	25の位	5の位	1の位
5×5×5	5×5	5	1
五　進　法			

2	3(五)

この〈2〉は十進数なら、〈20〉といって10が2個あるということを示しているんだけど…

だけど、これは五進数だわよ。

その〈2〉は五進数だから表のように、〈5〉が2個あるってことを示しているのさ。だから、20(五)＝5×2＝10ということになるのだよ。

でも一番右の数字だけは、どんなときでも数字の通りの数なんだよ。

いよいよ出発〜ッ

(1) 23(五) ＝ □(十)

今までの基礎知識じゃ、この問題は解けないよ。

だから、ここに［五進ロボ］を用意したんだよ。上から五進数を入れたら、下から十進数になって出てくるんだよ。

2　3(五)

五進ロボ			
125の位	25の位	5の位	1の位
5×5×5	5×5	5	1
		5が2個	1が3個
		10	3
十進法			

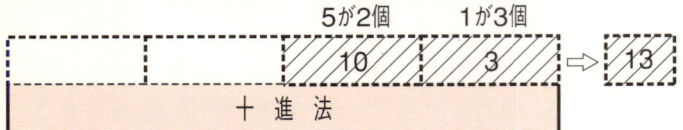

→ 13

五進数を上から入れるといいんだな。

そうすると1の位は赤ワクが3個だから、下の斜線が3になるのね。

そうそう！　さらに5の位は赤ワクが2個だから［$5 \times 2 = 10$］となって、1の位の［3］を加えると［13］になるわけ。

答　23(五) = 13(十)

まず1人で解いてみて下さい

(2) 402(五) ＝ □(十)

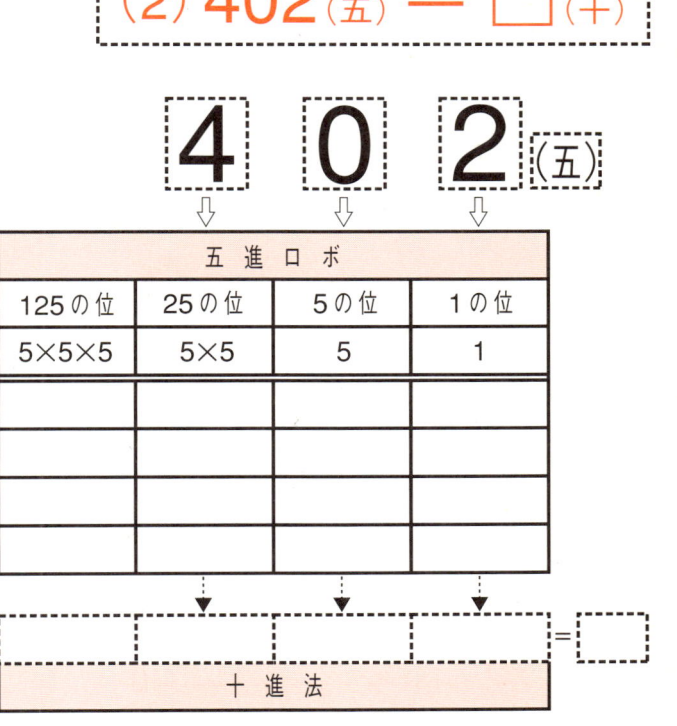

4 0 2(五)

五進ロボ			
125の位	25の位	5の位	1の位
5×5×5	5×5	5	1

				=	
十進法					

ハハ～ン　上から五進数を入れるんだな！

五進数の数だけ、下のワクに斜線を描くのさ。

各位の数がいくつあるかが、鍵なのね。

式と解答

問題1　答　イ

問題2　(1) 5 × 2 + 1 × 3 = 13

答　13

(2) 25 × 4 + 5 × 0 + 1 × 2 = 102

答　102

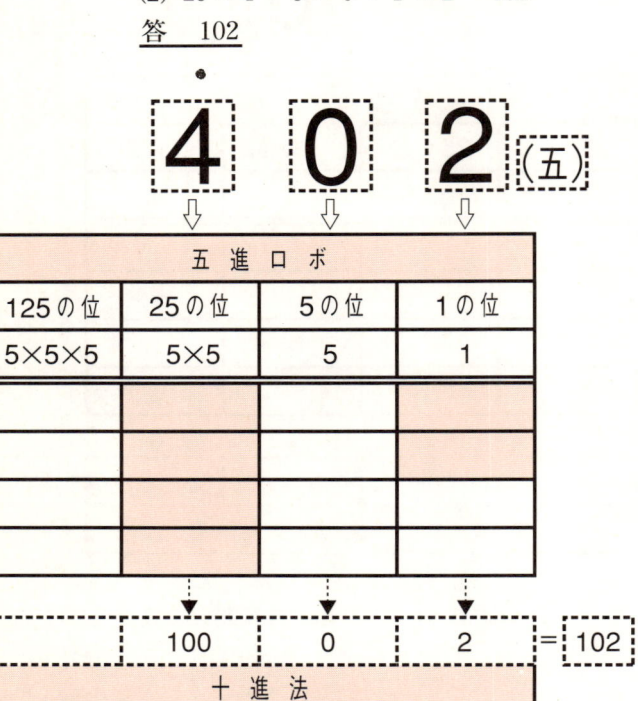

4　0　2（五）

五進ロボ			
125の位	25の位	5の位	1の位
5×5×5	5×5	5	1

	100	0	2	=	102
十進法					

分数は線分図が決め手です

通分＋相当算

問題

A市で市長選挙が実施されました。そのときの投票者数は、有権者の8分の5より490人も多く、棄権者数は有権者の3分の1より810人も多かったそうです。A市の有権者は全部で何人ですか。

分数問題なんかを、なんで大学生に出すの？

分数計算そのものができない人もいるって話だけど、要は分数で考える訓練が足りないんじゃないかな。

たしかに、この問題はやさしそうにみえるけど、分数で考えなければならない点に抵抗があるわね。

線分図で考える習慣を身に着ければ、分数はそんなに難しいものじゃないんだよ。

(1) 分母が違うけど比べてみよう

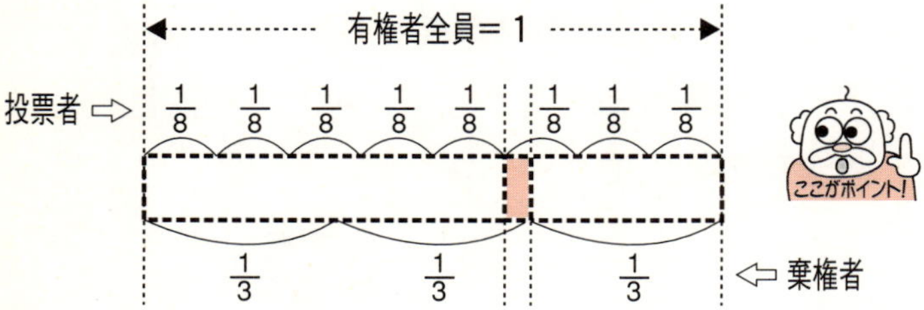

たしかに問題文の通りに描かれているけど、赤色の部分の人数が記入されていないよ。

そう！　その部分は狭すぎて書けなかった

し、人数が出てくる問題文はそこに集中しているから、拡大して別に線分図を書いてみよう。

(2) ポイントを拡大してみよう

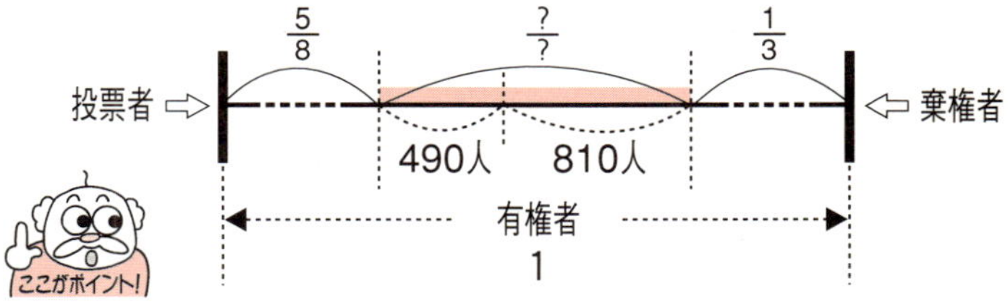

真ん中の赤色部分が、拡大した部分なのね。その人数は分かるけど割合は［？］だわね。

(3) 赤色の［？］はどうすれば出せるの

ハハ〜ン　分かったぞ！　赤色の部分が何割かが分かればいいんだな。

ピッタシ　カンカ〜ン　いいカンしてるね。ただ問題は、その人数に相当する割合を、どうやって求めるかなんだね。

考え方としては、投票者と棄権者との境界線が分かっているんだから、求められると思うよ。

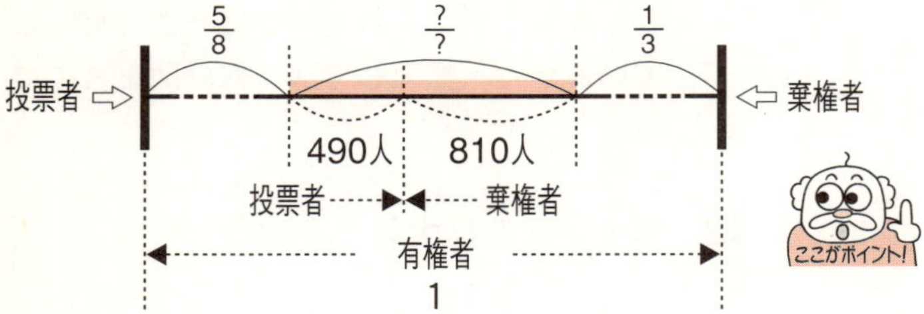

そうね。有権者全員の1の中から、分数で表わされている投票者の［8分の5］と、棄権者の［3分の1］とを差し引けば、残りが［?］に相当する数になるんじゃないの。

計算ならまかしといて〜

$$1-\left(\frac{5}{8}+\frac{1}{3}\right)=\frac{24}{24}-\frac{23}{24}=\frac{1}{24}$$

← 赤色の部分の割合

赤色部分が［24分の1］だとすると、あとはそこの人数を出せばいいんだね。

だから計算ならまかせてって言ったじゃん。

490 + 810 = 1300人←赤色の人数

どうだい、これでいいんだろ〜

(4) 相当算で一発解答！

割合に当たる部分の数量が分かったら、もう簡単さ。

$(490+810) \div \frac{1}{24} =$

赤色の人数　赤色の割合

$= 1300 \times 24 = 31200$ 人

全体の1に相当する人数が求められる

答　31200人

(5) 式と解答

$1-\left(\frac{5}{8}+\frac{1}{3}\right)=\frac{24}{24}-\frac{23}{24}=\frac{1}{24}$

斜線の部分の割合

$(490+810) \div \frac{1}{24}$

$= 1300 \times 24 = 31200$ 人

答　31200人

練習問題　―5章―

問題1　Aの$\frac{1}{3}$と、Bの$\frac{2}{5}$と、Cの$\frac{3}{4}$とが等しいとき、A・B・Cの比を、できるだけ簡単な整数で表しなさい。(明治大学付属中野中)（割合と比）

解答1

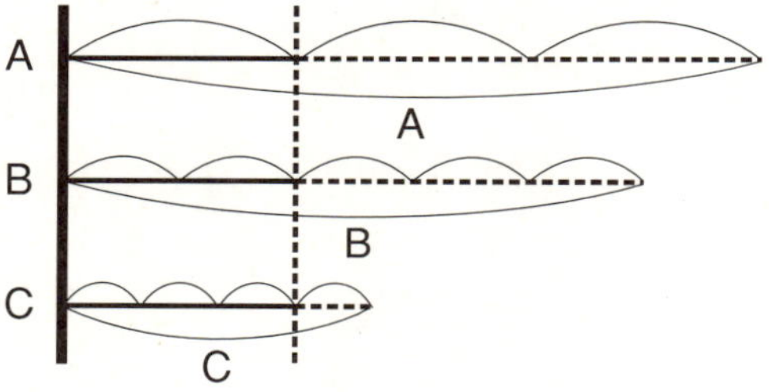

$A \times \frac{1}{3} = B \times \frac{2}{5} = C \times \frac{3}{4}$

$A = B \times \frac{2}{5} \times 3 \rightarrow A = B \times \frac{6}{5} \rightarrow 5A = 6B \rightarrow A : B = 6 : 5$

$B = C \times \frac{3}{4} \times \frac{5}{2} \rightarrow B = C \times \frac{15}{8} \rightarrow 8B = 15C \rightarrow B : C = 15 : 8$

A：B：C
6：5
18：15：8
<u>答 A：B：C＝18：15：8</u>

問題2　A管、B管、C管の3本の水道管で、ドラム缶に水を入れます。A管だけで6分間水を入れた後、B管だけで8分間水を入れるといっぱいになります。またB管だけで6分間水を入れた後、C管だけで12分間水を入れても、いっぱいになり

ます。さらに、C管だけで4分間水を入れた後、A管とB管の両方で、6分間水を入れてもいっぱいになります。次の問いに答えなさい。

(1) B管だけで水を入れると、何分でいっぱいになりますか。

(2) A管、B管、C管の3本の水道管で同時に水を入れると、何分でいっぱいになりますか。(聖光学院中)(仕事算)

解答2 (1) ①A管・B管・C管の1分間に入る水量を、それぞれA・B・Cとする。

ⓐA × 6分 + B × 8分……満水

ⓑB × 6分 + C × 1 2分……満水

ⓒC × 4分 + A × 6分 + B × 6分……満水

※ⓒ－ⓐ→B × 8分 = B × 6分 + C × 4分

∴B × 2分 = C × 4分←これをⓑ式に代入

B ×6分 + C ×12分 = B ×6分 + B ×2分 ×3倍

= B ×12分……満水

答　12分

(2) ①B管の1分間の水量→1 ÷12分 = $\frac{1}{12}$

②A管の1分間の水量

ⓐ式より $\left(1 - \frac{1}{12} \times 8分\right) \div 6分 = \frac{1}{18}$

③C管の1分間の水量

ⓑ式より $\left(1 - \frac{1}{12} \times 6分\right) \div 12分 = \frac{1}{24}$

$1 \div \left(\frac{1}{18} + \frac{1}{12} + \frac{1}{24}\right) = 5\frac{7}{13}$

答　$5\frac{7}{13}$分

［算数力②］

絵と図でズバリ

算数文章題

試験に勝つ満点攻略法

2000年11月15日　第1刷
2001年2月15日　第2刷

著　者――田　圭二郎
発行者――籠宮良治
発行所――太陽出版

〒113-0033 東京都文京区本郷4-1-14
TEL 03(3814)0471　FAX 03(3814)2366

アートディレクター＝山城 猛（スパイラル）
本文イラスト＝田口敏夫（スパイラル）
印字＝スパイラル
壮光舎印刷／井上製本

ISBN4-88469-212-8